多机器人协作技术与仿真系统设计

Multi-robot Collaboration Technology and
Simulation System Design

韩青 著

化学工业出版社

·北京·

内容简介

多机器人协作技术是多机器人协同完成复杂任务的关键技术，是多机器人系统研究中的基本问题之一。本书从应用角度出发，理论联系实践，阐述了多机器人系统的体系结构、主要研究方向与任务，并进一步研究了多机器人协作搬运、打磨、喷涂及青菜头筋皮剥除系统设计与仿真。本书应用性及可读性强，有利于读者理解和掌握相关领域理论知识并提升工程实践能力。

本书可供工业机器人领域的技术工作者阅读使用，也可作为机器人工程、自动控制、机械电子工程、智能制造、机械设计制造及自动化、机电一体化技术及人工智能等专业师生的参考书。

图书在版编目（CIP）数据

多机器人协作技术与仿真系统设计 / 韩青著．
北京：化学工业出版社，2024. 11. -- ISBN 978-7-122-46846-8

Ⅰ．TP24

中国国家版本馆 CIP 数据核字第 20240K8E17 号

责任编辑：陈　喆　　　　　　　　　装帧设计：孙　沁
责任校对：杜杏然

出版发行：化学工业出版社
　　　　　（北京市东城区青年湖南街13号　邮政编码100011）
印　　装：涿州市殷润文化传播有限公司
710mm×1000mm　1/16　印张11¼　字数203千字
2025年2月北京第1版第1次印刷

购书咨询：010-64518888　　　　　　售后服务：010-64518899
网　　址：http://www.cip.com.cn
凡购买本书，如有缺损质量问题，本社销售中心负责调换。

定　　价：88.00元　　　　　　　　　　版权所有　违者必究

前言

　　随着科技的迅速发展，机器人技术及其应用已成为推动各行各业革新的关键力量。特别是在多机器人系统的研究领域，技术进步和应用拓展正以惊人的速度前进。多机器人协作技术，不仅提升了工业自动化的效率，也在探索新的应用领域。

　　本书系统性地探讨多机器人在工业及农业领域的最新进展与挑战。随着机器人系统的复杂性增加和任务的多样化，单一机器人已难以满足现代应用的需求。多机器人协作技术，通过多个机器人之间的有效配合和协作，能够实现更高效、更灵活的任务执行，并在诸多应用场景中展现出独特的优势。然而，多机器人系统的设计与实施面临诸多挑战，其中包括如何实现机器人之间的高效通信、协调及任务分配，以及如何在复杂环境中保证系统的稳定性和可靠性等。仿真技术作为多机器人系统设计和优化的重要工具，为研究人员和工程师提供了一个虚拟实验平台，使他们能够在实际部署前进行深入的测试和验证，节约了时间和成本，提高了安全性和可靠性。

　　本书共5章，涵盖了多机器人系统的体系结构、主要研究方向与任务，围绕多机器人协作在工业及农业领域的应用，对多机器人协作技术与仿真系统的重点及难点展开深入研究。在仿真系统设计方面，详细讨论了如何构建高效的仿真环境，包括虚拟现实技术、实时仿真以及多机器人仿真等关键问题。这些内容将帮助读者理解如何利用仿真技术提高系统设计的准确性和效率。

　　希望本书能够为研究人员、工程师以及相关领域的从业者提供一个全面的视角，帮助他们在多机器人协作技术的研究和应用中取得更大的进展。也期待本书能够激发更多的创新思维，推动这一领域的发展。

　　感谢所有为本书提供支持和帮助的人，由于著者水平有限，书中不足之处恳请广大读者批评指正。

著　者

目录

第 1 章　绪论

多机器人系统作为分布式人工智能的重要领域，近年来受到广泛关注。本章首先概述多机器人系统的体系结构，进而探讨其主要研究方向与任务，包括搜寻任务、编队控制、路径规划以及避障等关键问题。最后，本章将简要介绍多机器人系统的应用研究现状，为后续章节的深入探讨奠定基础。

1.1　多机器人系统的体系结构

MRS（Multi-robot System）体系结构的整体设计会对系统的鲁棒性与可扩展性产生重大影响，同时也是机器人之间的交互基础，因此必须考虑多机器人系统中的各台机器人如何在该体系结构中产生群体行为。从控制形式上讲，MRS最常见的分类方式如图1-1所示。集中式控制的中心节点需要获得整个系统的状态信息（包括环境信息与机器人信息等），中心控制节点依据其他节点提供的信息制定控制方案，集中式控制的形式简单，执行效率高，是MRS出现之初最常见的控制形式。但随着系统中机器人数量的增加，运行环境也逐渐扩大，中心节点受通信能力或计算能力的约束难以准确地获取并整合环境中所有机器人的状态信息，也就无法获得全局最优的控制方案。至此集中式控制的发展进入了瓶颈期。与之相反的分布式控制则正好适应了大环境下MRS的控制需求，每台机器人都可以根据自身所获得的部分环境信息独立地完成控制任务。但与此同时，由于缺失了全局控制，可能出现决策冲突或目标不一致的情况，导致整个系统的执行效率降低。于是为了在集中式控制和分布式控制之间找到平衡，便出现了混合式控制形式。

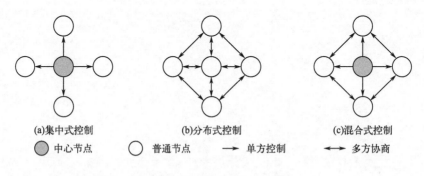

(a)集中式控制　　　　　　　　(b)分布式控制　　　　　　　　(c)混合式控制

⬤ 中心节点　　○ 普通节点　　⟶ 单方控制　　⟷ 多方协商

图1-1　常见的MRS控制形式

即使仅考虑MRS子集（部分机器人）的情况，也很难设计出适用于所有应用场景的通用结构，使得研究人员必须为特定的机器人应用设计专门的体系结构。

此外，MRS更不能简单地视为单机器人情形的叠加，所提出的方法必须根据有关环境的假设以及系统组织结构的特点进行准确的表征。由于MRS常运作于真实场景，从环境中获取的信息具有不确定性和不完整性，这也使得MRS的实验验证更具挑战。而在研究MRS体系结构时也需要充分考虑真实环境中的各种局限性，包括但不局限于传感器信息采集以及网络通信过程中可能产生的不良影响。

1.2 多机器人系统的主要任务

1.2.1 多机器人搜寻任务

多机器人搜寻任务是指利用多个机器人组成的系统，在特定区域内协同工作，以高效、准确地找到目标物体或人员的过程。这种任务广泛应用于灾害救援、军事行动、环境监测等多个领域。多机器人系统通过分布式搜索、协同定位、路径规划等关键技术，显著提高了搜寻效率和成功率。

（1）多机器人搜寻任务的技术原理

① 分布式搜索。分布式搜索是多机器人搜寻任务的基础。在这一模式下，搜索任务被分配给各个机器人，每个机器人独立进行搜索，并通过通信协议实现信息交互。这种搜索方式提高了搜索的灵活性和效率。分布式搜索主要分为集中式与分散式两种模式：

集中式模式：由中央控制器协调各机器人的搜索行为，确保搜索任务的有序进行。然而，这种模式对中央控制器的依赖性强，一旦中央控制器出现故障，整个系统将受到影响。

分散式模式：机器人之间通过协作完成搜索任务，无需中央控制器的干预。这种模式更为灵活高效，能够应对复杂多变的搜寻环境。

② 协同定位。协同定位是多机器人搜寻过程中的关键环节。通过交换各自的位置信息，多个机器人能够实现对目标位置的准确估计。协同定位算法通常考虑机器人之间的相对位置关系、通信延迟及噪声干扰等因素，确保定位结果的准确性。

③ 路径规划。路径规划是为机器人规划合适的移动路径，以最大限度地接近目标

并避免碰撞。在多机器人系统中，路径规划需要考虑机器人之间的相互影响以及环境障碍物的存在。研究者们提出了多种路径规划算法，如无人机队列算法、群体智能算法等，这些算法通过模拟生物群体的行为，提高了机器人系统的整体性能。

（2）多机器人覆盖搜索算法

在多机器人系统中，覆盖搜索算法是确保多个机器人能够协同工作，全面、高效地搜索特定区域的关键技术。

① 基于图的覆盖搜索算法。基于图的覆盖搜索算法是多机器人系统中常用的一种搜索策略。该算法通过将搜索区域划分为多个子区域，并构建一个图来表示这些子区域之间的关系，从而实现高效的搜索。

a. 算法原理。基于图的覆盖搜索算法主要依赖于图论中的相关理论。在图论中，一个图由节点和边组成，节点代表搜索区域中的子区域，边则表示子区域之间的连接关系。通过构建这样的图，算法能够模拟机器人在不同子区域之间的移动和搜索过程。

在多机器人系统中，每个机器人都被分配到一个或多个子区域进行搜索。机器人通过移动和感知，不断更新自己所负责的子区域的状态信息，并将这些信息传递给其他机器人。通过协同工作，多个机器人能够全面覆盖整个搜索区域，并找到目标物体或人员。

b. 算法实现。实现基于图的覆盖搜索算法需要以下几个步骤：

区域划分：将搜索区域划分为多个子区域，每个子区域都具有相似的特征或属性。

构建图：根据子区域之间的关系，构建一个图来表示搜索区域。图中的节点代表子区域，边则表示子区域之间的连接关系。

分配任务：将搜索任务分配给多个机器人，每个机器人负责搜索一个或多个子区域。

协同搜索：多个机器人协同工作，按照预定的策略进行搜索。机器人通过移动和感知，不断更新自己所负责的子区域的状态信息，并将这些信息传递给其他机器人。

结果汇总：当所有机器人都完成搜索任务后，将搜索结果进行汇总，得到整个搜索区域的覆盖情况。

c. 算法优势与局限性。基于图的覆盖搜索算法具有以下优势：通过构建图来表示搜索区域，算法能够模拟机器人在不同子区域之间的移动和搜索过程，从而实现高效的搜索；可扩展性：该算法适用于不同规模和复杂度的搜索区域，可以通过增加或减少机器人的数量来调整搜索效率；协同性：多个机器人可以协同工作，共同完成搜索任务，提高搜索的覆盖率和准确性。

但该算法也存在一些局限性。区域划分难度：搜索区域的划分对算法的性能有很大影响。如果划分不合理，可能导致搜索效率降低或搜索结果不准确。通信开销：在多个机器人之间传递状态信息需要一定的通信开销。如果通信带宽有限或通信延迟较大，可能影响算法的实时性和准确性。对环境变化的适应性：当搜索区域的环境发生变化时，如障碍物出现或消失，算法需要重新构建图并分配任务，这可能导致搜索效率降低。

② 基于样本的覆盖搜索算法。基于样本的覆盖搜索算法是一种基于随机采样和概率统计的搜索策略。该算法通过随机采样搜索区域中的样本点，并根据样本点的状态信息来推断整个搜索区域的覆盖情况。

a. 算法原理。基于样本的覆盖搜索算法主要依赖于随机采样和概率统计理论。算法通过随机采样搜索区域中的样本点，并计算每个样本点被搜索到的概率。通过不断采样和更新概率分布，算法能够逐渐逼近整个搜索区域的真实覆盖情况。

在多机器人系统中，每个机器人都负责搜索一部分样本点。机器人通过移动和感知，不断更新自己所负责的样本点的状态信息，并将这些信息传递给其他机器人。通过协同工作，多个机器人能够全面覆盖整个搜索区域，并估计出目标物体或人员的概率分布。

b. 算法实现。实现基于样本的覆盖搜索算法需要以下几个步骤：

随机采样：在搜索区域中随机采样一定数量的样本点。

分配任务：将样本点分配给多个机器人进行搜索。每个机器人负责搜索一部分样本点。

协同搜索：多个机器人协同工作，按照预定的策略进行搜索。机器人通过移动和感知，不断更新自己所负责的样本点的状态信息，并将这些信息传递给其他机器人。

更新概率分布：根据机器人搜索到的样本点的状态信息，更新整个搜索区域的概率分布。

结果估计：当所有机器人都完成搜索任务后，根据概率分布估计出目标物体或人员的可能位置。

c. 算法优势与局限性。基于样本的覆盖搜索算法具有以下优势：算法不依赖于搜索区域的具体形状和大小，适用于不同规模和复杂度的搜索任务；算法对搜索区域中的噪声和干扰具有一定的鲁棒性，能够在一定程度上容忍传感器误差和环境变化；算法通过随机采样和概率统计来推断搜索区域的覆盖情况，计算量相对较小，能够实现实时搜索。

但该算法也存在一些局限性。样本数量选择：样本数量的选择对算法的性能有很大影响。如果样本数量过少，可能导致搜索结果不准确；如果样本数量过多，则会增加计算量和通信开销。概率分布估计准确性：算法通过样本点的状态信息来估计整个搜索区域的概率分布，估计的准确性受到样本点数量、分布以及传感器误差等因素的影响。对环境变化的适应性：当搜索区域的环境发生变化时，如障碍物出现或消失，算法需要重新采样并更新概率分布，这可能导致搜索效率降低。

③ 启发式覆盖搜索算法。启发式覆盖搜索算法是一种基于启发式信息和优化策略的搜索策略。该算法通过利用启发式信息来指导机器人的搜索过程，从而实现高效、准确的搜索。

a. 算法原理。启发式覆盖搜索算法主要依赖于启发式信息和优化理论。启发式信息是指能够指导搜索过程、提高搜索效率的信息，如目标物体或人员的可能位置、搜索区域的地形特征等。通过利用这些信息，算法能够指导机器人更加高效地搜索目标物体或人员。

在多机器人系统中，启发式覆盖搜索算法通过优化机器人的搜索路径和搜索策略，实现高效、准确的搜索。算法可以根据搜索区域的地形特征、目标物体或人员的可能位置等信息，为机器人规划出最优的搜索路径和搜索策略。

b. 算法实现。实现启发式覆盖搜索算法需要以下几个步骤：

获取启发式信息：通过传感器、地图或其他方式获取搜索区域的启发式信息，如目标物体或人员的可能位置、地形特征等。

构建搜索策略：根据启发式信息，构建机器人的搜索策略。搜索策略可以包括搜索路径的规划、搜索速度的控制、搜索模式的选择等。

分配任务：将搜索任务分配给多个机器人，每个机器人根据搜索策略进行搜索。

协同搜索：多个机器人协同工作，按照预定的策略进行搜索。机器人通过移动和感知，不断更新自己所负责区域的状态信息，并将这些信息传递给其他机器人。

结果汇总与优化：当所有机器人都完成搜索任务后，将搜索结果进行汇总，并根据启发式信息对搜索结果进行优化，得到更加准确的搜索结果。

c. 算法优势与局限性。启发式覆盖搜索算法具有显著的优势：通过利用启发式信息指导搜索过程，该算法能够实现高效、准确的搜索；它能够适应不同规模和复杂度的搜索任务，通过灵活调整搜索策略和启发式信息来适应多变的搜索环境；多个机器人可以协同工作，共同完成搜索任务，从而提高搜索的覆盖率和准确性。但该算法也存在一些局限性：启发式信息的获取对算法性能有很大影响，如果信息不准确或获取困难，可能导致搜索效率降低或搜索结果不准确；算法需要较大的计算量为机器人规划出最优的搜索路径和策略，这在计算资源有限的情况下可能影响算法的实时性和准确性；当搜索区域的环境发生变化时，算法需要重新获取启发式信息并规划搜索路径，这也可能导致搜索效率的降低。

（3）多机器人搜寻任务的应用场景

① 灾害救援。在地震、洪水等自然灾害发生后，灾害现场往往复杂多变，传统的人力搜救方式难以高效开展。多机器人系统凭借其强大的搜索能力和鲁棒性，在灾害救援中发挥了重要作用。机器人可以进入人类难以到达的区域，如倒塌的建筑物内部、狭窄的缝隙等，快速找到被困人员并提供生命支持。

② 军事行动。在军事行动中，多机器人系统可以执行排雷、侦察、搜索追踪等危险任务，最大限度地减少地面部队和非参战人员的伤亡。例如，在反恐行动中，机器人可以携带探测设备进入疑似恐怖分子藏匿的区域进行搜索，及时发现并消灭敌人。

③ 环境监测。多机器人系统还可以用于环境监测任务。例如，在森林火灾、海洋污染等环境监测中，机器人可以携带传感器进入现场收集数据，实时监测环境变化。这些数据对于制定有效的环境保护措施具有重要意义。

（4）多机器人搜寻任务面临的挑战

① 协同合作机制。虽然多机器人系统在搜寻任务中展现出巨大的潜力，但机器人之间的协同合作机制仍需进一步完善。现有的协同算法在复杂多变的搜寻环境中可能无法达到预期的效果。因此，研究者们需要不断探索新的协同合作机制，提高机器人系统的整体性能。

② 环境适应性。搜寻任务往往面临复杂多变的环境条件，如地形起伏、障碍物密集等。这些因素对机器人的移动性能和搜索效率提出了严峻的挑战。因此，研究者们需要开发更加适应复杂环境的机器人平台和控制算法，确保机器人在各种环境条件下都能高效工作。

③ 数据处理与通信。在多机器人系统中，机器人之间需要频繁地进行数据交换和通信。然而，在复杂环境中，通信信号可能受到干扰或遮挡，导致数据丢失或延迟。此外，大量的数据处理任务也对机器人的计算能力提出了较高的要求。因此，研究者们需要开发更加高效的数据处理和通信算法，确保机器人之间信息的准确传输和及时处理。

（5）未来发展方向

① 深度学习技术的应用。随着深度学习技术的不断发展，其在多机器人搜寻任务中的应用前景广阔。通过训练深度学习模型，机器人可以更加准确地识别目标物体和人员，提高搜索效率。同时，深度学习技术还可以用于优化路径规划和协同定位算法，进一步提高机器人系统的整体性能。

② 跨领域融合。未来多机器人搜寻任务的发展将更加注重跨领域的融合。例如，将机器人技术与地理信息系统（GIS）、遥感技术等相结合，可以实现对大范围区域的快速搜索和监测。此外，将机器人技术与人工智能、物联网等技术相结合，可以构建更加智能、高效的搜寻系统。

③ 标准化与规范化。随着多机器人系统在各个领域的应用日益广泛，其标准化和规范化问题也日益凸显。未来需要制定统一的技术标准和规范，确保不同厂商生产的机器人之间能够实现互操作和数据共享，这将有助于降低系统集成成本和提高系统稳定性。

1.2.2 多机器人编队控制

（1）多机器人编队控制方法

多机器人编队的控制方法主要包括领航-跟随（leader-follower）法、基于行为（behavior-based）法、人工势场（artificial potential）法、虚拟结构（virtual structure）法、图论（graph theory）法等。其中领航-跟随法是目前广泛采用的轨迹跟踪方法。此外，还有多种方法被提出并应用于多机器人编队控制和跟踪，如运动规划方法、优化方法、基于近似速度的控制律、编队跟踪算法以及基于一致性的分布式编队控制方法等。然而，目前的研究多集中于由单个领航机器人和单个或多个跟随机器人组成的单级编队，对于由多个这样的单级编队组成的级联编队研究较少。

① 领航-跟随法。领航-跟随法最早由 Cruz 提出，并由 Wang 等成功应用于移动机器人的编队控制中。该方法的基本思想是：在编队中指定一个或多个领航者机器人，它们按照预定或临时设定的路径航行，掌控整个编队的运动趋势；其余机器人作为跟随者，依据相对于领航者的距离及方位信息跟随领航者，从而实现编队控制。领航-跟随法的优点是编队控制结构简单，易于实现，只需要设定领航者的期望路径或其他行为，跟随者以预定的位置偏移跟随领航者即可。然而，该方法也存在一定的缺点，即编队系统过于依赖领航者，领航者的性能直接影响整个编队的稳定性和效果。

基于领航-跟随法的多机器人编队控制策略主要包括以下几个方面：

领航者路径规划：领航者需要按照预定或临时设定的路径航行。路径规划可以采用多种方法，如A*算法、RRT算法等，确保领航者能够高效、准确地到达目标点。

虚拟机器人生成：根据领航者的实际路径和跟随者的位置偏移量，生成虚拟机器人的参考轨迹。虚拟机器人的位置、速度等信息可以通过领航者的状态信息和预设的编队队形计算得出。

跟随者轨迹跟踪：跟随者机器人通过传感器获取领航者或虚拟领航者的状态信息，采用适当的控制算法（如PID控制、滑模控制等）对参考轨迹进行跟踪。在跟踪过程中，需要不断计算跟踪误差，并根据误差调整控制输入，确保跟随者能够准确跟踪参考轨迹。

编队队形维持：在编队控制过程中，需要确保跟随者机器人能够保持预定的队形。这可以通过在控制算法中引入队形反馈机制来实现，即根据跟随者相对于领航者的实际位置与期望位置的偏差来调整控制输入，使跟随者能够迅速回到期望位置。

通信与协同：多机器人编队控制需要建立有效的通信机制，确保领航者和跟随者之间能够实时交换状态信息和控制指令。同时，还需要设计协同控制策略，使多个跟随者能够协同工作，共同维持编队队形。

基于领航-跟随法的多机器人编队控制在许多实际应用中取得了显著成果。例如，在工业自动化领域，多机器人可以协同完成装配、搬运等任务；在军事领域，多无人机可以组成编队进行侦察、打击等任务；在探索领域，多机器人可以组成编队对未知环境进行搜索和探测。但在实际应用中仍面临一些挑战：领航者的性能直接影响整个编队的稳定性和效果，因此需要设计鲁棒性强的领航者控制策略；多机器人之间的通信和协同控制是一个复杂的问题，需要建立有效的通信机制和协同控制策略；还需要考虑环境因素的影响，如障碍物、噪声、干扰等，这些因素可能导致编队控制效果下降甚至失败。为了应对这些挑战，可以进一步研究多机器人系统的协同控制算法、通信协议、环境感知与决策机制等方面的问题。同时，还可以结合其他先进的控制方法和技术，如模型预测控制（MPC）、人工势场法、基于行为的控制方法等，以提高多机器人编队控制的性能和鲁棒性。

② 基于行为法。基于行为法的多机器人编队控制方法最早由 Brooks 提出，其基本思想是将复杂的编队控制任务分解成一系列简单的基本行为，如避障、驶向目标、保持队形等。每个机器人根据传感器获取的环境信息和预设的行为规则，独立地选择并执行相应的行为，通过行为间的相互作用和融合，实现多机器人的协同编队控制。

在基于行为法的编队控制系统中，每个机器人都具备一套行为库，这些行为库中的行为具有明确的目标和规则，机器人通过感知环境信息，选择并执行最符合当前状态的行为。行为的选择和执行过程是一个动态的过程，机器人会根据环境变化和任务需求实时调整行为策略。

基于行为的控制方法是一种构建多机器人系统整体行为的有效手段。它通过为机器人设计一系列简单行为和相应的局部控制规则，使得整个机器人群体能够展现出如编队维持、轨迹追踪和避障等复杂的集体行为。

在这种方法中，首先会定义一个行为集，其中包含了机器人可能执行的各种简单行为。这些行为可能包括向目标移动、保持与队友的相对位置、避开障碍物等。随后，通过对每个基本行为的重要性和优先级进行加权计算，来确定机器人最终的行为输出。这种方法允许机器人在面对多个竞争性目标时，能够灵活地调整自身的行为策略。

基于行为的控制方法的一个显著优点是，在处理具有多个竞争性目标的任务时，它能够相对容易地确定合适的控制策略。由于机器人的行为是基于局部的感知和决策，因此这种方法对于环境的动态变化和不确定性具有很好的适应性。但这种方法也存在一些局限性。由于群体行为是通过简单行为的组合和加权来隐式定义的，因此很难对整个系统的行为进行明确的数学分析。这意味着我们无法保证编队控制的收敛性，也无法精确地预测系统在不同条件下的性能表现。

③ 人工势场法。人工势场法由 Khatib 于 1986 年提出，其基本思想是将机器人的工作环境模拟为一个势场，其中目标点对机器人产生引力，吸引机器人向其移动；而障碍物则对机器人产生斥力，防止机器人与其发生碰撞。机器人在势场中的运动路径就是沿着势能梯度下降的方向，即机器人总是朝着势能减小的方向移动，直到到达目标点或势能最低点。

④ 虚拟结构法。虚拟结构法在多机器人系统编队控制中提供了一种独特的视角。这种方法将整个多机器人系统想象成一个刚体结构，而每个机器人则被视为这个刚体上位置相对固定的一个点。当整个编队移动时，每个机器人都会追踪其对应的刚体上的虚拟点进行运动。

具体实现过程如下所述。

确定虚拟结构。首先，需要定义一个虚拟结构，该结构可以是任何固定的几何形状，如直线、圆形、多边形等。虚拟结构的形状和大小取决于具体的任务需求。

分配虚拟目标点。在虚拟结构上，为每个机器人分配一个虚拟目标点。这些虚拟目标点在虚拟结构上的位置是固定的，但在实际环境中，随着虚拟结构的移动，这些点的位置也会相应变化。

设计控制律。为每个机器人设计控制律，使其能够跟踪其对应的虚拟目标点。控制律的设计需要考虑机器人的动力学特性、传感器反馈以及通信延迟等因素。

执行跟踪任务。机器人开始执行跟踪任务，通过传感器获取自身位置信息，并根据控制律调整自身的运动状态，以跟踪虚拟目标点。同时，机器人之间通过通信共享信息，确保整个编队的协同运动。

虚拟结构法的显著优势在于，它使得机器人群体的协作行为变得容易定义，且在运动过程中能够保持良好的队形。此外，这种方法不需要对机器人之间进行明确的功能划分，通信协议也相对简单，从而降低了系统的复杂性。虚拟结构法也存在一定的局限性。它要求多机器人编队在移动过程中必须保持相同的虚拟结构，这一要求在某些需要频繁变换编队的场景中可能会显得过于僵硬，从而限制了该方法的广泛应用。目前，这种方法主要在无障碍的二维环境中进行研究。

尽管如此，学者们仍在不断探索和完善虚拟结构法。有研究者提出了一种自适应的虚拟结构控制方法，使得多机器人编队能够更有效地跟踪曲线轨迹。这种方法通过动态调整虚拟结构，提高了编队对不同轨迹的适应性。还有研究者提出了一种将虚拟结构法与模糊自校正控制策略相结合的编队控制方法。这种方法不仅减少了机器人的振动幅度，还降低了位置误差，从而提高了编队的稳定性和精确性。这种融合策略展示了虚拟结构法与其他控制方法相结合时的潜力和灵活性，为未来多机器人编队控制的研究提供了新的思路。

虚拟结构法在多机器人编队控制领域有着广泛的应用实例。例如，在农业领域，多个自治机器人（如农业机器人）可以形成虚拟结构进行协同作业，如播种、施肥、除草等；在军事领域，无人作战系统（如无人机群、无人车群）可以形成虚拟结构进行协同侦察、打击等任务；在工业自动化领域，多个工业机器人可以形成虚拟结构进行协同装配、搬运等作业。

⑤ 图论法。图论法将多机器人系统中的每个机器人视为图中的一个节点，机器人之间的通信或交互关系视为图中的边。通过构建这样的图结构，可以清晰地描述机器人之间的连接关系和动态交互行为。基于图论的分析方法，可以为每个机器人设计合适的控制协议，以保证整个编队按照预定方式运动。

具体实现过程如下所述。

构建通信拓扑图。首先，根据机器人之间的通信和交互关系构建通信拓扑图。图中的节点代表机器人，边代表机器人之间的通信链路或交互关系。

分析图结构。对构建的图结构进行分析，研究其拓扑特性、连通性、刚性等属性。这些属性对编队的稳定性和控制性能有重要影响。

设计控制协议。基于图结构的分析结果，为每个机器人设计合适的控制协议。控制协议需要保证机器人在保持与邻居机器人相对位置关系的同时，能够按照预定轨迹或队形运动。

实施协同控制。机器人之间通过无线通信或有线通信进行信息交流，共享彼此的状态信息、目标位置和传感器数据等。根据控制协议，机器人调整自身的运动状态，实现编队的协同控制。

图论法的优势在于其分布式特性，这意味着它可以轻松应对大规模机器人编队的控制问题。无论是偶然增加还是删除机器人节点，图论法都能以灵活的方式进行处理，从而确保编队的稳定性和适应性。此外，基于图论法描述编队队形及机器人之间的关系，为实现复杂的队形变换提供了便利。

（2）多机器人编队控制发展动态

① 基于有限观测信息的多机器人编队控制问题。

在实际应用中，多机器人系统往往面临各种限制，如传感器精度有限、通信带宽受限、环境干扰等，这些因素导致机器人只能获取到有限的观测信息。因此，如何在这种条件下实现多机器人的精确编队控制，成为一个亟待解决的问题。

a.有限观测信息对编队控制的影响。

精度下降：观测信息的有限性可能导致机器人对自身及同伴位置、速度等状态的估计不准确，进而影响编队控制的精度。

稳定性问题：有限的信息可能无法全面反映系统的动态特性，导致控制策略在应对突发情况时表现不佳，影响编队的稳定性。

通信压力：在有限观测条件下，机器人之间可能需要更频繁地交换信息以弥补观测信息的不足，这会增加通信负担，甚至导致通信拥塞。

b.解决策略。

针对基于有限观测信息的多机器人编队控制问题，可以采取以下策略。

• 优化观测方法。

提高传感器精度：采用更高精度的传感器以获取更准确的观测数据。

数据融合技术：将来自不同传感器的观测数据进行融合处理，提高数据的可靠性和准确性。

基于预测的方法：利用历史观测数据对未来状态进行预测，以弥补当前观测信息的不足。

- 设计鲁棒的控制策略。

分布式控制算法：设计基于局部信息的分布式控制算法，减少对全局信息的依赖。

滑模控制、自适应控制等高级控制方法：这些方法能够在一定程度上应对系统的不确定性和干扰。

基于模型的控制策略：利用系统模型对有限观测信息进行补充和修正，提高控制性能。

- 增强通信能力。

优化通信协议：设计高效的通信协议以减少通信延迟和数据丢失。

引入中继节点：在通信受限的区域部署中继节点以扩展通信范围。

利用无线通信技术：如超宽带（UWB）、Zigbee等无线通信技术，提高通信效率和可靠性。

- 任务分配与协作策略。

合理分配任务：根据机器人的能力和观测信息限制，合理分配任务以减轻个别机器人的负担。

强化协作机制：设计有效的协作策略以促进机器人之间的信息共享和协同作业。

② 具有强非线性特性的多机器人编队控制问题。

a. 问题特点。

强非线性特性：机器人之间的相互作用、环境对机器人的影响以及机器人自身的动态特性往往呈现出强非线性特征，这使得传统的线性控制方法难以有效应用。

动态环境的不确定性：多机器人编队往往需要在复杂多变的环境中执行任务，环境的不确定性（如障碍物、风力、水流等）会对编队控制产生显著影响。

通信和观测的限制：机器人之间的通信带宽和观测能力有限，这限制了机器人能够获取的信息量，增加了编队控制的难度。

b. 解决方案和算法。

- 非线性控制算法。

反步法（Backstepping）：一种常用于处理非线性系统的控制设计方法。通过逐步构建Lyapunov函数，将复杂的非线性系统分解为若干简单的子系统，并为每个子系统设计控制律，最终得到整个系统的控制律。反步法在处理具有不确定性和干扰的非线性系统时尤为有效。

滑模控制（Sliding Mode Control, SMC）：一种对系统参数变化和外部干扰具有强鲁棒性的控制方法。通过设计滑模面和控制律，使系统状态在有限时间内到达并保持在滑模面上，从而实现精确控制。滑模控制特别适用于处理具有强非线性特性的多机器人编队控制问题。

- 自适应控制算法。

自适应控制算法能够根据实时观测数据在线调整控制参数或结构，以适应系统的不确定性和变化。在具有强非线性特性的多机器人编队控制中，自适应控制算法能够自动补偿系统参数的不确定性，提高控制的适应性和鲁棒性。

- 模型预测控制（Model Predictive Control, MPC）。

MPC算法利用系统模型预测未来状态，并基于预测结果优化控制输入。在强非线性多机器人编队控制中，MPC可以通过将非线性系统转化为线性系统（如通过线性化技术）或采用非线性预测模型来处理系统的非线性特性。通过在线优化控制输入序列，MPC能够在满足约束条件的前提下实现最优控制性能。

- 分布式控制算法。

基于一致性理论或其他分布式控制协议设计的算法能够仅依赖局部信息实现多机器人编队控制。在强非线性多机器人系统中，分布式控制算法能够减少对全局信息的依赖，提高系统的可扩展性和鲁棒性。通过设计合适的分布式控制协议和通信策略，可以实现多个机器人在复杂环境中的协同编队控制。

- 结合人工智能和机器学习方法。

近年来，人工智能和机器学习技术在控制领域得到了广泛应用。通过将神经网络、强化学习等技术与传统控制方法相结合，可以进一步提高多机器人编队控制的智能化水平和鲁棒性。例如，利用神经网络对系统非线性特性进行建模和逼近；利用强化学习算法在线优化控制策略以适应环境变化等。

③ 多机器人编队控制的稳定性问题。

在多机器人系统中，稳定性无疑是编队控制的一个核心要素。研究者在设计控制算法时，必须重点考虑多机器人在运动过程中能否形成并保持稳定的队形，以及距离和轨迹的偏差是否能够被有效地控制在预期的范围内。特别是在非结构化环境中，机器人可能会面临诸多不可预测的障碍和挑战，导致其难以精确地按照预先规划的轨迹运动，甚至有可能偏离其理想位置。这种偏离不仅会影响编队的整体稳定性，还可能对任务的执行效率和质量产生不利影响。

目前，虽然对于多机器人系统稳定性的研究已经取得了一定的理论成果，但大多数研究仍然处于理论研究阶段，缺乏足够的实验验证。其中，李雅普诺夫（Lyapunov）函数作为一种重要的稳定性分析工具，被广泛应用于多机器人系统的稳定性研究中。通过构建合适的Lyapunov函数，研究者可以对系统的稳定性进行定量的分析和评估。

④ 非结构化环境下机器人自主导航与多机器人避障问题。

在非结构化环境下，多机器人编队在执行任务时会面临诸多挑战，其中避障问题尤为突出。由于环境中存在的不确定性和复杂性，机器人在保持队形的同时，还需灵活应对并避开各种可能出现的障碍物，这无疑增加了多机器人编队控制的难度。因此，如何实现多机器人在运动过程中的自主避障，成为一个亟待解决的问题。

为了有效解决这一问题，首先需要获取准确的环境信息。这包括障碍物的位置、大小、形状以及动态特性等。只有充分了解了环境信息，才能为后续的避障策略提供准确的数据支持。其次，根据获取的环境信息，针对静态和动态障碍物，需要设计不同的避障策略。对于静态障碍物，可以通过路径规划和优化算法，提前规划出避开障碍物的最佳路径。而对于动态障碍物，则需要实时感知其运动状态，并预测其未来位置，以便及时调整机器人的运动轨迹，确保安全避障。此外，多机器人之间的协同避障也是一个重要环节。通过有效的通信和协调机制，各机器人可以共享环境信息和避障策略，从而实现整体的协同避障。这不仅可以提高避障的效率和成功率，还能确保多机器人编队在复杂环境中的稳定性和安全性。

1.2.3 多机器人路径规划

多机器人路径规划是指在多个机器人之间协作完成任务时，确定它们的运动轨迹以达到特定目标的过程。这一过程涉及多个机器人之间的协调与合作，以及它们与环境的交互作用。多机器人路径规划是多机器人系统研究中的一个重要方向，旨在解决多个机器人在复杂环境中的路径选择和协作问题。随着机器人技术的不断发展和应用领域的不断拓展，多机器人系统因其高效性、灵活性和鲁棒性而受到广泛关注。

（1）主要挑战

① 环境复杂性　多机器人系统，作为现代自动化与智能技术的前沿领域，其在实际应用中常需面对极其复杂且多变的环境挑战。这些环境不仅考验着单个机器人的感知、决策与执行能力，更对机器人之间的协同作业、信息共享与冲突解决提出了更高要求。多机器人系统可能面临复杂多变的环境，包括静态障碍物、动态障碍物以及未知的

环境因素。多机器人系统在复杂多变的环境中运行时，需要综合考虑静态障碍物、动态障碍物、未知的环境因素以及环境的动态变化等多种因素。通过提升机器人的感知能力、决策能力、执行能力以及协同作业能力，可以有效应对这些挑战，实现高效、稳定、可靠的运行。

a. 静态障碍物：静态障碍物指的是那些位置相对固定、不随时间变化的障碍物，如建筑物墙壁、树木、家具等。在多机器人系统中，这些障碍物要求机器人具备精确的地图构建与定位能力，以规划出无碰撞路径。此外，静态障碍物的布局可能复杂多变，如迷宫般的走廊、错综复杂的室内布局等，增加了路径规划的难度。机器人还需具备灵活的避障策略，以应对未能在地图中完全标注的隐藏障碍物。

b. 动态障碍物：与静态障碍物相比，动态障碍物如行人、车辆、动物等，其位置与速度均随时间变化，给多机器人系统的运行带来了更大的不确定性。动态障碍物要求机器人具备实时感知与预测能力，能够迅速识别并预测障碍物的运动轨迹，从而调整自身行为以避免碰撞。在多机器人协同作业的场景中，动态障碍物的存在还可能引发机器人之间的路径冲突，需要设计高效的冲突解决机制。

c. 未知的环境因素：除了静态和动态障碍物外，多机器人系统还可能面临各种未知的环境因素，如光照变化、地面不平整、电磁干扰等。这些因素可能影响机器人的传感器性能，导致感知数据的不准确或缺失，进而影响机器人的决策与执行任务的能力。为了应对这些未知因素，机器人需要具备自适应学习和鲁棒性强的算法，能够在复杂多变的环境中保持稳定的性能。

d. 环境动态变化：在某些应用场景中，环境本身还可能发生动态变化，如临时搭建的障碍物、道路施工、天气变化等。这些变化要求多机器人系统具备高度的灵活性和适应性，能够实时感知环境变化并快速调整策略。同时，机器人之间需要建立有效的通信机制，共享环境信息，以便协同应对环境变化带来的挑战。

② 机器人间协调　多个机器人需要相互协调以避免碰撞和冲突，这是确保多机器人系统高效性和安全性的核心要素。在一个复杂的动态环境中，每个机器人都需要实时感知周围环境的变化，包括其他机器人的位置、速度、方向以及潜在的障碍物，并据此做出决策，以优化自身行动并避免与其他机器人发生冲突。多个机器人之间的相互协调是确保多机器人系统高效性和安全性的关键。通过加强通信与信息共享、协同规划、冲突检测与解决、自适应与学习能力以及故障容错与恢复等方面的研究和实践，可以进一步提升多机器人系统的性能和可靠性。

为了实现这一目标，多机器人系统通常依赖于以下几个关键机制：

通信与信息共享：机器人之间建立稳定的通信链路，实时共享各自的状态信息（如位置、速度、任务进度等）和感知到的环境数据。这种信息共享使得每个机器人都能对全局环境有一个较为全面的了解，从而做出更加合理的决策。

协同规划：在任务执行前，机器人团队会进行协同规划，根据任务需求和环境条件，为每个机器人分配合理的路径和任务。这种规划不仅考虑了单个机器人的最优性，还兼顾了机器人之间的协调与配合，以减少冲突和碰撞的可能性。

冲突检测与解决：在任务执行过程中，机器人会不断检测潜在的冲突和碰撞风险。一旦发现冲突，机器人会立即启动冲突解决机制，通过调整自身速度、方向或路径来避免碰撞。这种冲突解决机制需要快速且准确，以确保系统的高效性和安全性。

自适应与学习能力：为了适应复杂多变的环境，机器人需要具备自适应和学习的能力。它们可以根据过去的经验和实时感知到的环境信息，不断优化自身的决策算法和行动策略，以更好地应对未知的挑战和变化。

故障容错与恢复：在多机器人系统中，单个机器人的故障或失效可能会对整个系统产生影响。因此，系统需要具备故障容错和恢复的能力，能够在机器人出现故障时自动调整任务分配和路径规划，以确保系统的连续性和稳定性。

③ 实时性要求　在某些应用场景中，如救援任务和智能交通系统，对多机器人系统的实时性要求极高。这些场景往往涉及紧急情况的快速响应、生命安全的保障以及交通流量的高效管理，因此，多机器人系统必须具备强大的实时数据处理、决策和执行能力。在救援任务和智能交通等应用场景中，对多机器人系统的实时性要求极高。为了实现这一目标，需要不断优化机器人的感知、决策和执行能力，加强系统之间的实时通信与协同工作，并构建高效的数据处理和分析平台。

a. 救援任务中的实时性要求　在救援任务中，时间就是生命。地震、火灾、洪水等自然灾害或人为事故发生后，救援队伍需要迅速进入现场，搜救被困人员，提供紧急医疗援助，并恢复关键基础设施的功能。多机器人系统在此类任务中可以发挥重要作用，但前提是它们必须能够实时感知环境变化、快速做出决策并准确执行指令。

在紧急救援任务中，多机器人系统的实时性成为至关重要的因素。首先，实时感知是确保任务顺利进行的基础。为了实现这一点，每个机器人都配备了高精度、低延迟的传感器套件，包括激光雷达用于精确测绘周围环境，红外摄像头捕捉热量分布以发现被困人员，以及声音探测器监听微弱的呼救声。这些传感器协同工作，实时收集并整合现场信息，如被困人员的确切位置、生命体征的稳定性以及环境中障碍物的详细分布情况，为后续的决策提供了坚实的数据支持。

紧接着，快速决策是连接感知与执行的桥梁。一旦传感器收集到数据，这些信息就会通过高效的数据传输网络立即传输到中央控制系统或分布式的处理单元。这些处理单元利用先进的算法和模型，对海量数据进行实时分析和处理，以极短的时间计算出最优的决策方案。这些决策不仅考虑了单个机器人的行动效率，还兼顾了机器人团队之间的协同与配合，为每台机器人规划出最有效的搜救路径和救援策略，确保任务的高效执行。

最终，准确执行是救援任务成功的关键。在接收到决策指令后，机器人需要迅速响应并准确无误地执行各项任务。它们可能需要穿越复杂的地形，如废墟、泥泞或陡峭的山坡；可能需要搬运重物，如伤员、救援物资或清理障碍；还可能需要执行特定的操作，如使用工具打开被堵塞的通道或启动紧急救援设备。在整个执行过程中，机器人需要保持高度的稳定性和准确性，以确保能够尽快到达被困人员身边，并提供必要的援助和支持。

b. 智能交通中的实时性要求　智能交通系统旨在通过集成先进的信息技术、通信技术和控制技术，提高道路网络的通行能力和安全性。多机器人系统（在此场景下可能表现为自动驾驶车辆、无人机交通监控等）的实时性对于实现这一目标至关重要。智能交通系统通过实时交通监控、动态路径规划和紧急响应等功能的有机融合，实现了对城市交通的智能化管理和高效调度。这些功能的不断提升和优化，将有助于提高城市交通的通行能力、安全性和应急响应速度，为城市的可持续发展提供有力支持。

智能交通系统在现代城市管理中扮演着至关重要的角色，其核心在于实时性与协同性的高效结合。首先，实时交通监控是智能交通系统的基石。通过无人机的高空俯瞰和固定安装在关键路段的传感器网络，系统能够实时收集到详尽的道路流量、车速以及事故发生等关键数据。这些数据如同城市的脉搏，为交通管理中心提供了即时且全面的路况反馈。基于这些数据，管理者能够迅速识别出交通拥堵、事故等异常情况，并立即启动相应的疏导和应对措施，有效缓解交通压力，保障道路畅通。

其次，动态路径规划是提升交通效率的关键环节。自动驾驶车辆作为智能交通系统的重要组成部分，它们需要实时获取路况信息，并根据当前交通状况进行动态调整。通过车辆之间以及车辆与交通管理中心之间的高效实时通信，系统能够为每辆自动驾驶车辆规划出最优的行驶路径，避开拥堵路段，减少行驶时间，提高整体交通效率。这种智能化的路径规划不仅减轻了驾驶员的负担，还显著提升了道路资源的利用率。

最后，紧急响应能力是智能交通系统不可或缺的一部分。在发生交通事故或紧急情况时，系统需要迅速响应，调动救援力量如救护车、消防车等，并为其规划出最优的行驶路线。这要求系统具备高度的实时性和协同性，能够在极短的时间内完成信息汇总、决策制定和指令下达。通过智能化的调度和协同工作，救援力量能够迅速到达现场，展开有效的救援行动，最大限度地减少人员伤亡和财产损失。

（2）常用算法

多机器人路径规划算法通常分为集中式和分布式两种类型。

① 集中式方法　将所有机器人的信息集中处理以生成全局最优路径，是一种高度集中化和计算密集型的策略，它旨在通过综合分析所有可用数据来确保整体救援或作业效率的最大化。这种方法虽然计算量庞大，需要强大的计算资源和高效的算法支持，但其核心优势在于能够全面考虑各种因素，从而得出理论上最为优化的解决方案。

首先，在信息收集阶段，系统会从各个机器人上收集包括位置、速度、姿态、传感器数据（如激光雷达扫描结果、红外图像、声音信号等）以及可能的任务进度或状态信息。这些信息通过无线通信网络实时传输至中央处理中心，形成一个全面的"数字孪生"环境，准确反映现实世界中机器人团队及其所处环境的动态变化。

接下来，在信息处理与分析阶段，中央处理中心会运用复杂的算法和模型对这些海量数据进行深度挖掘和分析。这些算法可能包括但不限于图论算法（用于路径规划）、机器学习模型（用于预测和分类）以及多智能体系统理论（用于协调机器人间的交互与合作）。通过这些算法，系统能够评估不同路径的可行性、预测未来交通状况的变化以及计算各种行动方案对整体任务完成时间和资源消耗的影响。

在生成全局最优路径的过程中，系统会综合考虑多种因素，如机器人之间的避碰、能源效率、任务优先级、紧急程度以及外部环境的不确定性等。通过不断迭代和优化计算过程，系统最终会生成一条或多条全局最优路径，这些路径能够最大化整个机器人团队的作业效率，同时确保每个机器人都能安全、高效地完成任务。

值得注意的是，由于现实世界的复杂性和不确定性，完全依赖集中处理生成的全局最优路径可能面临一定的挑战。因此，在实际应用中，这种方法通常会与分布式决策、局部优化以及实时反馈机制相结合，以形成更加灵活、鲁棒和高效的智能机器人系统。同时，随着计算能力的提升和算法的优化，集中处理生成全局最优路径的计算量也将逐渐降低，使得这种方法在更多领域和场景下得到广泛应用。

② 分布式方法　允许机器人之间直接交换信息以协调运动轨迹，是一种分布式协调策略，它依赖于机器人之间的局部通信和自主决策能力。这种方法相较于将所有信息集中处理而言，计算量显著减少，因为每个机器人只需处理与其直接相关的局部信息，

而无需承担全局优化的复杂计算。然而，这种分布式方法也带来了一系列挑战，包括可能无法获得全局最优解、通信的可靠性和同步问题。

在分布式协调中，机器人通过无线通信网络相互交换位置、速度、运动意图等关键信息。这些信息使得机器人能够感知到周围同伴的动态，并根据这些信息进行实时决策，以避免碰撞、优化路径选择或协同完成任务。例如，在救援场景中，一组机器人可能通过共享被困人员的位置信息来分配救援任务，各自选择最优路径前往目标点，并在必要时进行路径调整以避开其他机器人的行进路线。

然而，分布式协调方法的一个主要限制是可能无法获得全局最优解。由于每个机器人仅基于局部信息进行决策，它们可能无法完全掌握全局的交通状况、任务分配或资源利用情况。这可能导致某些区域出现过度拥堵或资源分配不均的情况，从而降低了整体效率。此外，由于机器人之间的通信可能存在延迟、丢包或干扰等问题，因此还需要解决通信可靠性和同步问题，以确保信息的准确传递和机器人之间的协调一致。

为了解决这些问题，研究者们提出了多种分布式协调算法和协议。这些算法通常包括基于规则的行为控制、基于市场的资源分配、基于协商的冲突解决以及基于学习的自适应策略等。这些算法旨在提高机器人之间的协作效率、减少通信开销、增强系统的鲁棒性和可扩展性。同时，随着无线通信技术、网络协议和计算能力的不断进步，分布式协调方法在实时性、可靠性和准确性方面也得到了显著提升。

总之，允许机器人之间直接交换信息以协调运动轨迹是一种有效的分布式协调策略，它能够在减少计算量的同时实现一定程度的自主决策和协作。然而，为了克服其局限性并获得更好的性能表现，还需要进一步研究和完善相关的算法和协议。

在探讨多机器人系统的路径规划时，选择合适的算法对于实现高效、安全且协同的作业至关重要。常见的多机器人路径规划算法，如遗传算法、粒子群优化算法、快速扩展随机树（RRT）算法和A*算法，各自具备独特的优缺点，适用于不同的应用场景和需求。

遗传算法（Genetic Algorithm，GA）是一种模拟自然选择和遗传机制的搜索优化算法。在多机器人路径规划中，GA通过编码机器人的路径为染色体，利用选择、交叉和变异等操作来迭代优化路径解集。其优势在于能够处理复杂的约束条件和非线性问题，且具有较好的全局搜索能力。然而，GA也存在计算量大、收敛速度慢以及可能陷入早熟收敛的缺点。因此，在实时性要求较高或计算资源有限的应用场景中，GA可能需要与其他算法结合使用或进行针对性优化。

粒子群优化算法（Particle Swarm Optimization，PSO）是一种基于群体智能的优化算法，模拟鸟群觅食的行为。在路径规划中，每个粒子代表一个潜在的路径解，通过跟踪个体最优解和全局最优解来更新自己的速度和位置。PSO算法具有实现简单、收敛速度较快且易于并行化的优点，适用于多机器人系统的实时路径规划。然而，PSO也存在易陷入局部最优、参数设置敏感等问题。因此，在实际应用中，需要仔细调整参数并结合具体场景进行算法优化。

快速扩展随机树（Rapidly-exploring Random Trees，RRT）算法是一种用于路径规划的高效搜索算法，特别适用于高维空间和复杂约束环境。RRT通过随机采样和贪心策略来构建搜索树，逐步向目标点扩展。其优势在于能够快速探索未知空间并找到可行路径，且对初始状态和目标状态没有严格要求。然而，RRT生成的路径往往不是最优的，且可能包含冗余的转折点。为了改进这些缺点，研究者们提出了多种RRT的变种算法，如RRT*、Informed RRT*等，以提高路径质量和收敛速度。

A*算法是一种经典的启发式搜索算法，通过评估从当前节点到目标节点的代价和启发式函数来指导搜索方向。在多机器人路径规划中，A*算法可以通过考虑机器人之间的避碰约束和优先级来规划无碰撞路径。A*算法的优势在于其完备性和最优性，即只要存在解就能找到，并且找到的解是最优的（在启发式函数可采纳的前提下）。然而，随着搜索空间的增大和机器人数量的增加，A*算法的计算量也会显著增加，可能导致实时性下降。因此，在复杂多机器人系统中，A*算法通常需要与其他技术结合使用，如剪枝、分层规划或并行计算等。

（3）应用场景

多机器人路径规划广泛应用于各种领域，如工业自动化、物流配送、救援任务、智能交通等。

① 工业自动化　在生产线上，多个机器人的协同工作已经成为现代制造业提升生产效率、保障产品质量的重要手段。随着工业自动化和智能化技术的飞速发展，机器人不再仅仅是执行单一、重复性任务的工具，而是能够相互通信、共享信息并协同完成复杂生产任务的智能体。在这样的背景下，路径规划作为机器人协同工作的关键环节，其重要性不言而喻。

路径规划是指为机器人规划出从起始点到目标点之间无碰撞、高效且符合生产流程要求的移动路径。在多条机器人生产线中，每个机器人都承担着特定的生产任务，并且需要在有限的空间内与其他机器人及生产设备共享资源。因此，合理的路径规划不仅关乎机器人能否顺利完成任务，更直接影响到整个生产线的流畅度和效率。

首先，通过路径规划，可以确保机器人之间的顺畅协作。在复杂的生产环境中，机器人之间可能会因为路径冲突、资源争夺等问题而导致生产效率下降甚至停产。通过先进的路径规划算法，如遗传算法、粒子群优化算法等，可以计算出各机器人之间的最优路径，避免相互干扰和碰撞，从而实现机器人之间的顺畅协作。这种协作不仅提高了生产线的整体效率，还减少了因碰撞而导致的设备损坏和停机时间。

其次，路径规划对于提高产品质量也具有重要意义。在生产过程中，产品的质量和精度往往受到机器人运动轨迹的影响。通过精确的路径规划，可以确保机器人在执行生产任务时按照预定的轨迹和速度运动，从而减少因运动误差而导致的产品缺陷。此外，路径规划还可以与机器人的力控、视觉等先进技术相结合，实现更加精细化的操作和检测，进一步提升产品质量。

最后，路径规划还有助于优化生产线的布局和资源配置。在生产线设计阶段，通过模拟仿真和路径规划技术，可以对机器人的运动轨迹进行预测和优化，从而合理安排生产线的布局和资源配置。这不仅可以减少生产线的占地面积和成本投入，还可以提高生产线的灵活性和可扩展性，以应对未来可能出现的生产需求变化。

② 物流配送　在仓储和物流领域，随着电子商务的蓬勃发展和消费者对物流速度要求的不断提升，自动化和智能化成为提升仓储效率与物流服务质量的关键。在这一背景下，多个机器人协同工作的场景日益普遍，它们能够高效地执行货物的分拣、搬运和配送任务，极大地减轻了人工劳动强度，并显著提高了作业效率。

路径规划作为机器人协同作业中的核心技术之一，其重要性不言而喻。在复杂的仓储环境中，机器人需要穿梭于货架之间，避开堆积的货物、移动的叉车、人员以及其他机器人等动态和静态障碍物，同时还要考虑到仓库布局、通道宽度、货物体积和重量等多种因素。通过先进的路径规划算法，机器人能够实时计算并选择出最优或次优的行驶路径，以确保任务执行的快速性和准确性。

具体来说，路径规划在仓储和物流领域的应用带来了以下几方面的优势：

提高作业效率：通过合理的路径规划，机器人能够避免不必要的绕行和等待，减少空驶时间和能耗，从而显著提高货物的分拣、搬运和配送速度。这不仅加快了物流周转，还缩短了客户的等待时间，提升了客户满意度。

优化仓库布局：路径规划算法可以与仓库管理系统（WMS）相结合，根据货物的存储位置、订单需求以及机器人的作业状态，动态调整仓库的布局和货位分配。通过优化货物的存取路径，可以进一步缩短作业时间，提高仓库的利用率和吞吐量。

增强安全性：在仓储和物流环境中，机器人与人员、其他设备的交互频繁。通过路径规划，机器人能够提前预测并避开潜在的碰撞风险，确保作业过程中的安全性。此外，算法还可以根据实时交通状况调整机器人的速度和行驶方向，避免拥堵和事故的发生。

提升灵活性：面对不同形状、大小和重量的货物以及多变的订单需求，路径规划算法能够灵活应对各种复杂情况。通过调整算法参数和策略，机器人可以快速适应不同的作业环境和任务要求，实现高度灵活的自动化作业。

降低运营成本：通过减少人工干预和错误率、提高作业效率和设备利用率，路径规划技术有助于降低仓储和物流领域的运营成本。此外，智能化的机器人系统还可以实现24小时不间断作业，进一步提高生产效率和盈利能力。

③ 救援任务 在地震、火灾等突发灾害现场，时间就是生命，每一分每一秒都至关重要。面对复杂的灾害环境和紧迫的救援需求，多个机器人协同工作的模式展现出了巨大的潜力和价值。这些机器人，如搜救机器人、灭火机器人、医疗辅助机器人等，能够克服人类难以直接进入的危险区域，执行搜救被困人员、评估灾情、运送物资等关键任务。

路径规划在这一过程中扮演着至关重要的角色。灾害现场往往充斥着倒塌的建筑物、破碎的道路、散落的障碍物以及未知的危险区域（如火灾现场的高温区域、地震后的裂缝和不稳定结构）。这些因素都极大地增加了机器人导航的难度和风险。通过精确的路径规划，机器人能够避开这些危险区域和障碍物，选择最为安全、高效的路径前往救援地点。

具体来说，路径规划在灾害救援中的应用体现在以下几个方面：

实时环境感知与建模：机器人装备有先进的传感器，如激光雷达、摄像头、红外探测器等，能够实时感知周围环境，包括地形、障碍物、火源位置、气体浓度等关键信息。这些信息被输入到路径规划系统中，通过算法处理生成三维环境模型，为规划提供基础数据。

动态避障与路径优化：在复杂多变的灾害环境中，机器人需要不断调整其行驶路径以应对新出现的障碍物或危险区域。路径规划算法能够实时分析环境数据，预测潜在风险，并快速计算出新的最优或次优路径。同时，算法还能考虑机器人的动力性能、续航能力等因素，确保路径的可行性和高效性。

多机器人协同与任务分配：在多个机器人协同工作的场景中，路径规划还需要考虑机器人之间的相互影响和协作。通过集中或分布式的任务分配算法，可以确保每个机器人都能分配到最适合自己的任务，并按照规划好的路径执行任务。同时，算法还能协调机器人之间的运动轨迹，避免相互干扰和碰撞。

紧急响应与自适应调整：在灾害救援中，情况往往瞬息万变。路径规划系统需要具备高度的灵活性和自适应能力，能够迅速响应突发情况并调整规划方案。例如，在地震后余震不断的情况下，机器人需要能够迅速重新规划路径以避开新的裂缝和倒塌物；在火灾现场火势蔓延时，机器人需要能够迅速调整方向以避开高温区域。

提升救援效率与安全性：通过路径规划技术的应用，机器人能够更加精准、高效地执行救援任务。它们能够迅速到达救援地点、准确搜救被困人员、及时评估灾情并传递关键信息。这不仅提高了救援效率，还减少了救援人员的安全风险。

④ 智能交通　在智能交通系统中，随着自动驾驶技术的飞速发展，多个自动驾驶车辆协同行驶已成为提升道路通行效率、增强交通安全性及优化乘客体验的关键环节。这一系统通过集成先进的信息技术、通信技术、传感器技术及人工智能技术，实现了车辆间的实时信息共享与决策协同。路径规划作为智能交通系统的核心组成部分，其重要性不言而喻。

路径规划在自动驾驶车辆协同行驶中的作用主要体现在以下几个方面：

a. 优化行驶路线：在复杂的交通网络中，路径规划算法能够综合考虑实时交通状况（如道路拥堵、施工情况、事故信息等）、车辆状态（如剩余电量、载重等）以及乘客需求（如最快到达、最短路径、最省油等），为每辆自动驾驶车辆计算出最优的行驶路线。这不仅减少了车辆的行驶距离和时间，还降低了能源消耗和排放，促进了绿色出行。

b. 避免交通事故：通过高精度的环境感知与预测模型，路径规划算法能够提前识别潜在的危险因素，如突然变道的车辆、行人横穿马路、前方障碍物等，并据此调整车辆的行驶轨迹和速度。同时，结合车辆间的实时通信，自动驾驶车辆可以相互协调避让，避免碰撞事故的发生，极大地提升了道路行驶的安全性。

c. 缓解交通拥堵：智能交通系统通过收集并分析大量交通数据，能够准确预测未来一段时间内的交通流量和拥堵情况。路径规划算法则可以根据这些预测结果，引导自动驾驶车辆选择非拥堵路段行驶，从而有效缓解交通拥堵现象。此外，通过车辆间的协同调度，系统还可以实现交通流的优化分配，提高整体道路网络的通行能力。

d. 提升乘客体验：在自动驾驶车辆中，乘客无需担心驾驶问题，可以更加专注于休息、工作或娱乐。而路径规划算法则能够根据乘客的出行需求和偏好，提供更加个性化、舒适的出行方案。例如，在长途旅行中，系统可以选择风景优美的路线；在短途通勤中，则优先考虑快速到达的路线。这些措施都有助于提升乘客的出行体验和满意度。

e. 促进智能交通系统的发展：随着自动驾驶车辆数量的增加和技术的不断成熟，智能交通系统将逐渐实现全面覆盖和深度融合。路径规划作为连接车辆、道路、交通管理中心等各个环节的纽带，将在推动智能交通系统发展方面发挥更加重要的作用。通过持续优化算法、提升计算能力、加强数据安全与隐私保护等措施，路径规划将为智能交通系统提供更加坚实的技术支撑和保障。

随着人工智能、物联网和大数据等技术的不断发展，多机器人路径规划技术也将不断进步和创新。未来，多机器人路径规划将更加注重实时性、智能化和协同性，以满足更加复杂和多变的应用需求。同时，随着算法的不断优化和硬件性能的提升，多机器人路径规划的计算效率和精度也将得到进一步提高。

1.2.4　多机器人避障

多机器人避障是指在多个机器人共同工作的环境中，确保它们能够安全地避开障碍物，并顺利完成各自或共同的任务。这一过程需要机器人具备感知环境、识别障碍物、规划避障路径以及执行避障动作的能力。多机器人避障是多机器人系统中的一个重要研究方向。通过结合多种传感器和算法以及有效的通信机制和数据共享平台，可以实现多机器人在复杂环境中的安全避障和高效协作。

（1）多机器人避障的挑战

① 环境复杂性　多机器人系统在实际应用中，确实需要面对一个极其复杂且多变的环境，这种环境不仅包含了固定的物理结构，还有众多动态变化的元素，对机器人的避障能力提出了极高的挑战。多机器人系统在复杂多变的环境中面临着巨大的避障挑战。为了应对这些挑战，机器人需要集成多种传感器技术、采用先进的算法和策略，并与其他机器人进行高效的协同工作。只有这样，多机器人系统才能在复杂环境中实现安全、高效和可靠的运行。

a.静态障碍物　静态障碍物，如墙壁、柱子、家具等，构成了机器人活动空间的基本框架。虽然这些障碍物位置相对固定，但其布局可能错综复杂，尤其是在家庭、仓库或工厂等环境中。多机器人系统需要精确感知并理解这些静态障碍物的位置、形状和尺寸，以便在规划路径时能够有效避开，避免碰撞。为了实现这一目标，机器人通常配备有多种传感器，如激光雷达（LiDAR）、超声波传感器、红外传感器和摄像头等，这些传感器能够实时获取周围环境的三维信息，为路径规划提供基础数据。

b.动态障碍物　与静态障碍物相比，动态障碍物（如人、其他机器人、宠物或自动门等）的不可预测性更高，对多机器人系统的避障能力构成了更大的威胁。这些障碍物可能以任意速度、方向和轨迹移动，且其运动模式往往受到多种因素的影响，如人的意图、其他机器人的行为以及外部环境的变化等。因此，多机器人系统需要具备高度的动态感知和预测能力，能够实时跟踪动态障碍物的运动状态，并预测其未来的运动轨迹。

为了实现这一目标，多机器人系统需要集成更先进的传感器技术和数据处理算法。例如，利用深度学习等人工智能技术，机器人可以学习并理解人类和其他动态障碍物的行为模式，从而更准确地预测其未来的运动。同时，机器人之间也需要建立高效的通信机制，共享各自感知到的动态障碍物信息，以便协同规划路径，避免冲突和碰撞。

c. 复杂环境应对策略　面对复杂多变的环境，多机器人系统还需要采取一系列应对策略来提高避障的可靠性和效率。例如，机器人可以采用分层规划的方法，首先在宏观层面上规划出大致的行驶路径，然后在微观层面上根据实时感知到的障碍物信息进行局部路径调整。此外，机器人还可以利用多传感器融合技术，将来自不同传感器的信息进行综合处理，以提高对环境感知的准确性和鲁棒性。

② 机器人间协调　在复杂的多机器人系统中，确保各个机器人能够高效、安全地协同作业，是实现自动化、智能化生产及探索任务的关键挑战之一。这种协调不仅要求机器人具备高度的自主性和适应性，还需要它们能够实时地交换信息、感知环境以及预测并响应其他机器人的动态变化。多个机器人之间的协调与避碰是一个综合性的技术挑战，需要融合传感器技术、通信技术、运动规划、AI算法等多个领域的创新成果，以实现高效、安全、智能的协同作业。

a. 实时感知与信息共享　首先，每个机器人需要装备有先进的传感器套件，包括但不限于激光雷达（LiDAR）、雷达、超声波传感器、摄像头以及惯性测量单元（IMU）等，这些传感器能够实时捕捉周围环境的三维数据，包括其他机器人的位置、速度、方向以及可能的障碍物信息。通过融合这些多源数据，机器人能够构建出周围环境的精确模型，为决策制定提供坚实基础。

此外，机器人之间需要建立高效、可靠的通信网络，以实现信息的实时共享。这可以通过无线局域网（WLAN）、蓝牙、Zigbee等短距离通信技术，或者对于更大范围的应用，采用蜂窝网络、卫星通信等技术来实现。通过通信，机器人可以交换各自的位置、速度、目标路径、任务状态等信息，从而全局性地理解整个系统的动态。

b. 运动规划与避碰策略　基于实时感知到的信息，每个机器人需要运行复杂的运动规划算法，以计算出既符合自身任务需求又避免与其他机器人及障碍物发生碰撞的最优或次优路径。这些算法通常涉及路径搜索（如A*算法、Dijkstra算法）、动态规划、优化理论以及人工智能（AI）和机器学习（ML）技术，以处理不确定性、预测其他机器人的行为并做出快速响应。

为了进一步提升避碰能力，机器人还可以采用基于行为的控制策略，如"保持安全距离""避让优先权"等规则，以在紧急情况下迅速做出反应。同时，引入预测模型来估算其他机器人的未来轨迹，也是提高避碰效率的重要手段。

c. 协同控制与优化　在多机器人系统中，协同控制是确保整体效率和稳定性的关键。这包括任务分配、资源调度、冲突解决等多个层面。通过集中式或分布式控制架构，机器人可以协同工作，优化整体性能，如最小化完成时间、最大化资源利用率或平衡工作负载。

此外，随着技术的进步，强化学习、多智能体系统（MAS）等高级AI技术也被越来越多地应用于多机器人协同中，以实现更加复杂、灵活的协同策略，应对动态变化的环境和任务需求。

③ 实时性要求　在紧急救援和交通管理等对实时性要求极高的应用场景中，多机器人系统的性能与响应速度直接关系到任务的成功与否以及人员与财产的安全。这些场景往往伴随着复杂多变的环境、突发的事件以及严格的时间限制，因此，机器人系统必须具备极高的实时感知、决策和执行能力。在紧急救援和交通管理等对实时性要求极高的应用场景中，多机器人系统需要通过强化实时感知、优化快速决策机制、加强协同优化与通信以及提升应急响应与故障恢复能力等措施来提高整体性能。只有这样，才能确保机器人在复杂多变的环境中迅速响应环境变化并在短时间内做出正确的避障决策从而保障任务的成功和人员与财产的安全。

a. 实时感知的强化　为了满足紧急救援和交通管理中的实时性需求，机器人首先需要配备高性能的传感器和数据处理单元。这些传感器应具备快速扫描、高精度定位和快速数据传输的能力，以便在极短的时间内捕捉到周围环境的微小变化。同时，采用先进的信号处理和融合算法，可以实时整合来自不同传感器的数据，生成精确的环境模型，为后续的决策提供支持。

b. 快速决策机制　在紧急情况下，机器人需要能够在极短的时间内做出避障决策。这要求机器人系统内置高效的决策算法，这些算法应具备低延迟、高鲁棒性和强适应性的特点。例如，可以采用基于规则的决策系统，通过预设的避障规则和优先级，实现快速响应；或者利用机器学习技术，训练出能够实时预测环境变化和其他机器人行为的模型，从而做出更加精准的决策。

c. 协同优化与通信　在多机器人系统中，协同优化是提高整体实时性的关键。通过高效的通信协议和协同控制策略，机器人可以实时共享彼此的状态信息和任务进展，从而实现更加紧密的协作。例如，在紧急救援中，机器人可以根据任务需求进行动态分组，协同完成搜救、搬运等任务；在交通管理中，机器人可以通过实时通信调整交通信号灯的控制策略，优化交通流量，减少拥堵和事故风险。

　　d. 应急响应与故障恢复　为了应对突发事件和系统故障，多机器人系统还需要具备应急响应和故障恢复的能力。这包括建立应急响应机制，制定应急预案，以及在系统故障时能够迅速切换到备用系统或采取其他补救措施。同时，机器人还需要具备自我诊断和修复的能力，以便在出现故障时能够自动检测问题所在并尝试进行修复。

（2）机器人避障的方法

　　多机器人避障通常依赖于多种传感器和算法的结合，以实现精确的感知和决策。

　　① 激光雷达避障　激光雷达作为多机器人系统中的重要感知元件，其工作原理基于激光束的发射与反射信号接收。具体而言，激光雷达通过内部激光发射器向周围环境发射出一束或多束激光，这些激光在遇到障碍物时会发生反射，随后被激光雷达的接收器捕获。通过对激光发射与接收之间的时间差进行计算，结合光速等物理参数，激光雷达能够精确计算出与障碍物的距离。同时，结合激光雷达的扫描机制，还能进一步确定障碍物的位置信息，为机器人提供详尽的环境地图。

　　激光雷达的这一测距定位方式带来了显著的优点。首先，由于激光传播速度快，且激光雷达内部处理机制高效，因此其响应延迟极低，能够确保机器人迅速感知环境变化。其次，激光雷达不受光线、天气等外部条件的显著影响，工作效果稳定可靠。再者，激光束的高精度测量能力使得激光雷达能够提供极为准确的距离和位置信息，为机器人的避障决策提供坚实的数据支持。

　　尽管激光雷达在测距定位方面表现出色，但其也存在一定的局限性和挑战。首先，激光雷达的探测效果受到其自身布局的限制。由于激光束的发射角度和扫描范围有限，因此激光雷达在某些区域可能存在探测盲区，无法全面覆盖周围环境。这要求在使用激光雷达时，需要合理布置其位置和角度，以尽可能减少探测盲区。

　　其次，激光雷达在探测低矮障碍物时容易产生误判。由于低矮障碍物的反射面积较小，且可能受到地面反射光的干扰，因此激光雷达在接收反射信号时可能无法准确区分障碍物与地面，导致误判或漏判。这要求算法设计时需要充分考虑这一因素，通过优化信号处理和障碍物识别算法来提高识别准确率。

　　最后，激光雷达无法有效规避玻璃等高反射率物体。这些物体表面平滑且反射率高，容易将激光束反射回激光雷达的接收器，造成强烈的回波干扰。这种干扰可能使得激光雷达无法准确判断物体的真实距离和位置，甚至可能误将玻璃等物体识别为障碍物。因此，在使用激光雷达时，需要特别注意这一点，并采取相应的措施来减少或消除这种干扰。

② 超声波避障　超声波传感器，作为一种广泛应用的测距设备，其工作原理基于超声波的发射与接收。传感器内部的超声波发射器会向周围环境发送高频声波，这些声波在遇到障碍物时会发生反射，随后被传感器内置的接收器捕获。通过测量超声波从发射到接收的时间差，结合声速这一已知的物理参数，超声波传感器能够计算出与障碍物的距离。进一步结合多个传感器的数据，还可以推断出障碍物的相对位置信息，为机器人或其他自动化设备提供导航和避障的依据。

超声波传感器的显著优势在于其成本低廉且实现简便。相较于激光雷达等高精度传感器，超声波传感器的硬件成本更低，且技术门槛相对较低，容易在各类设备和系统中集成。这使得超声波传感器成为许多成本敏感型应用的首选，如家庭自动化、智能安防、工业自动化等领域。

然而，超声波传感器也存在一定的局限性和挑战。首先，由于超声波的传播特性，传感器在探测非常接近的物体时可能会遇到物理探测盲区。这是因为超声波的发射和接收需要一定的时间，当物体距离传感器过近时，反射波可能无法及时返回或被接收器准确捕获，从而导致无法探测到这些物体。

其次，超声波传感器容易受到环境噪声的影响。环境中的其他声波源，如人声、机械振动等，都可能产生与超声波频率相近的噪声信号，这些噪声信号可能会干扰传感器的正常工作，导致测距结果的不准确或误判。为了克服这一挑战，通常需要对超声波传感器进行信号处理和滤波设计，以提高其在复杂环境中的抗干扰能力和测距准确性。

③ 3D ToF避障　激光测距技术，作为避障系统的核心组成部分，其基本原理在于通过向目标物体发射激光束，并精确计算激光从发射到被物体反射再回到接收器的时间差。这一时间差，结合光速这一恒定且已知的物理参数，能够直接转化为物体与测距装置之间的距离信息。进一步地，通过连续扫描或多点发射激光，系统能够构建出目标物体的三维形状和深度信息，从而实现对周围环境的精确感知和避障功能。

激光测距避障技术的显著优势在于其识别的距离远且不易受环境因素影响。激光束的高指向性和低发散角使得其能够远距离传播并保持较高的测量精度，即使在较远的距离上也能准确捕捉到物体的位置信息。同时，激光束的波长较短，不易受到空气中尘埃、烟雾等粒子的散射和吸收，因此在多种复杂环境条件下都能保持稳定的测距性能。

然而，激光测距避障技术也面临着一些局限性和挑战。首先，其成本相对较高，这主要是由于激光发射器和接收器的高精度要求以及复杂的信号处理算法所导致的。因此，在一些成本敏感的应用场景中，激光测距避障技术的普及可能会受到一定的限制。

其次，激光测距避障技术的识别分辨率相对较低，这主要是由于激光束的扫描密度和速度限制所导致的。虽然可以通过增加扫描点数或提高扫描速度来提升识别分辨率，但这也会进一步增加系统的复杂性和成本。因此，在实际应用中，需要根据具体需求在识别分辨率和成本之间做出权衡。

④ 视觉避障　视觉避障技术，作为一种先进的机器人感知与避障手段，其核心在于利用摄像头对周围环境进行全方位的扫描和识别。通过捕捉并处理图像数据，结合先进的计算机视觉算法，该技术能够实时重构出周围障碍物的轮廓、形状及位置信息。这一过程不仅依赖于摄像头的高分辨率和广角视野，更离不开强大的图像处理能力和智能识别算法的支持。一旦障碍物被准确识别，系统便能根据预设的避障策略或实时计算出的最优路径，指导机器人进行灵活、策略化的避障动作，确保其在复杂环境中的安全通行。

相较于其他避障技术，视觉避障技术的显著优势在于其能够根据识别到的不同障碍物信息做出更加智能、灵活的避障决策。无论是静态的墙壁、树木，还是动态的行人、车辆，视觉避障技术都能通过识别它们的特征和行为模式，制定出最合适的避障方案。此外，由于摄像头作为传感器件的成本相对较低，视觉避障技术在成本控制方面也具有一定的优势，使得其更易于在各类机器人系统中得到普及和应用。

然而，视觉避障技术也面临着一些不容忽视的局限性和挑战。首先，该技术对算力的要求较高，需要强大的处理器和图像处理算法来支持实时、高精度的图像处理和识别任务。这在一定程度上增加了系统的复杂性和成本。其次，视觉避障技术的精度和稳定性相对较差，容易受到光线、阴影、遮挡等环境因素的影响，导致识别结果出现误差或漏检。为了克服这些问题，需要不断优化算法、提升传感器的性能，并引入多传感器融合等技术手段来提高系统的整体性能和可靠性。

⑤ 地图构建与路径规划避障　机器人路径规划技术是现代机器人系统中的重要组成部分，其核心在于通过收集并分析区域地图数据，实现对机器人当前位置及周围环境的精确感知与重构。这一过程不仅依赖于高精度的地图采集与处理技术，还依赖于先进的定位算法，确保机器人在复杂环境中能够准确知道自己的位置与方向。在完成环境重构与定位后，机器人会利用人工智能（AI）技术进行路径规划，综合考虑地形、障碍物、目标位置等多种环境信息，通过复杂的计算与分析，最终规划出一条全局最优的行

驶路径。这条路径旨在确保机器人在避开所有障碍物的同时，以最高效的方式到达目的地。

该技术的主要优点在于其能够全面考虑环境信息，实现全局路径的最优化。与局部避障策略相比，全局路径规划能够预见并避免潜在的危险和障碍，确保机器人在整个行驶过程中都能保持高效、安全的状态。此外，通过不断优化算法和提升硬件性能，机器人路径规划技术还能够适应更加复杂多变的环境，为各种应用场景提供可靠的解决方案。

然而，机器人路径规划技术也面临着计算量大和对硬件要求高的挑战。由于需要处理大量的地图数据和进行复杂的计算分析，路径规划过程往往对机器人的处理器、内存等硬件资源提出很高的要求。这不仅增加了系统的成本，还可能在一定程度上限制了路径规划技术的普及和应用。为了克服这些挑战，研究人员正在不断探索新的算法和技术，以降低计算复杂度、提高计算效率，并寻求更加经济高效的硬件解决方案。

⑥ 人工势场法　人工势场法，一种灵感源自物理学中电势与电场力概念的路径规划策略，为机器人导航领域带来了全新的视角。该方法的核心在于在机器人工作空间中构建一个虚拟的势场环境，其中目标位置被设定为引力场的中心，对机器人产生持续的吸引力，引导其朝向目标移动；而障碍物周围则围绕着斥力场，当机器人靠近时，斥力场会施加排斥力，迫使其远离障碍物，从而避免碰撞。通过计算势函数的下降方向，机器人能够沿着势场梯度最陡峭的路径前进，直至到达目标位置。这种方法以其简单直观、易于理解和实现的优点，成为机器人路径规划领域的一种流行选择。

尽管人工势场法具有诸多优点，但在实际应用中也面临着一些显著的局限和挑战。首先，该方法容易产生局部极值点，这是因为在某些复杂的势场分布中，可能存在多个势能低点，导致机器人在这些点附近停止运动或产生不必要的振荡，从而无法顺利到达目标位置。此外，人工势场法通常只考虑障碍物的静态位置信息，而忽略了它们的速度和加速度等动态特征。在动态环境中，这种忽略可能导致机器人在避障时反应迟钝或判断失误，特别是在障碍物快速移动的情况下，其避障效果更是大打折扣。因此，如何克服这些局限、提高人工势场法的适应性和鲁棒性，成为当前机器人路径规划领域亟待解决的重要问题。

⑦ 模糊逻辑控制避障　模糊控制，作为一种基于模糊逻辑和模糊集合理论的先进控制方法，为机器人避障领域带来了全新的解决方案。其核心在于利用模糊控制语句构建的模糊控制器，通过模拟人类思维中的模糊性，实现对复杂环境中障碍物的灵活避让。这一方法的最大优势在于，它无需预先创建精确可分析的环境模型，即可在未知或

动态变化的环境中实现有效的避障功能。这种无模型控制的方式大大简化了避障系统的设计和实现过程，提高了系统的灵活性和适应性。

此外，模糊控制还允许利用专家知识对规则库中的规则进行调整和优化。通过引入领域专家的经验和判断，可以更加精准地定义避障行为的模糊集合和模糊规则，从而提升避障系统的性能和可靠性。这种知识驱动的方法不仅使得避障策略更加贴近实际应用场景，也为系统的持续改进和优化提供了可能。

然而，模糊控制在机器人避障应用中也面临一些挑战。其中，模糊控制规则的制定和调整需要丰富的经验和知识，这对于非专家用户来说可能是一个门槛。如何降低规则制定的难度，提高规则库的可维护性和可扩展性，是当前模糊控制避障技术需要解决的问题之一。

尽管如此，随着人工智能和机器学习技术的不断发展，模糊控制避障技术也在不断进化。通过引入自学习机制，模糊控制器可以自动从实际运行中学习和优化控制规则，减少对专家知识的依赖。同时，结合其他先进算法和技术，如深度学习、强化学习等，可以进一步提升模糊控制避障系统的智能化水平和适应能力。展望未来，模糊控制有望在机器人避障领域发挥更加重要的作用，推动机器人技术的持续创新和进步。

（3）多机器人避障的实现

在实际的多机器人系统中，避障不仅仅是一个单体的挑战，而是涉及多个智能体之间复杂交互与协同的难题。为了应对这一挑战，现代多机器人系统通常采用高度集成化的方法，将多种先进的传感器技术、复杂的算法逻辑以及高效的通信机制紧密结合，以实现高效、安全的避障与路径规划。多机器人避障是一个高度综合性的问题，需要多种技术的协同作用。通过不断优化传感器融合、路径规划、局部避障以及多机器人协调等关键技术，可以显著提升多机器人系统的避障能力和整体性能。

① 传感器融合与环境感知　激光雷达与视觉传感器的结合使用，在机器人环境感知领域构成了一个强大的互补系统，极大地增强了机器人在各种复杂场景下的适应性和智能性。这种融合技术不仅扩展了单一传感器的能力边界，还通过多源数据的相互印证，提高了感知的准确性和鲁棒性。

a. 高精度三维建模与细节捕捉　激光雷达通过发射激光脉冲并测量其返回时间来精确计算距离，快速构建出周围环境的三维点云图。这种能力使得机器人能够清晰地了解障碍物的位置、形状和大小，为避障和路径规划提供了坚实的基础。而视觉传感器则能够捕捉到丰富的颜色、纹理、形状等视觉信息，这些信息对于障碍物的进一步分类和识别至关重要。例如，通过视觉信息，机器人可以区分出人类、动物、车辆等不同类型的障碍物，甚至识别出交通标志、行人红绿灯等关键信息，从而在导航和避障过程中做出更加智能的决策。

b. 动态障碍物检测与跟踪　激光雷达和视觉传感器的结合在动态障碍物检测方面表现出色。激光雷达的点云数据能够实时反映周围物体的运动状态，而视觉传感器则能够通过连续帧之间的像素变化来跟踪运动物体。两者结合，机器人可以更加准确地识别出动态障碍物的速度、方向和轨迹，从而提前做出避让决策，确保安全通行。

c. 复杂场景适应性　在室内导航、户外探索等复杂多变的场景中，单一传感器往往难以应对所有的挑战。激光雷达虽然能够提供精确的三维信息，但在光线不足或存在镜面反射等情况下可能会受到限制。而视觉传感器虽然对光线敏感，但能够捕捉到更多的环境细节，如光线变化、阴影等，有助于机器人在复杂环境中做出更准确的判断。因此，两者结合使用可以相互弥补不足，提高机器人在各种场景下的适应能力。

d. 数据融合与智能决策　为了实现激光雷达与视觉传感器的有效结合，机器人系统需要采用先进的数据融合技术。这包括将两种传感器的数据进行时间同步和空间对齐，以及利用机器学习、深度学习等算法对数据进行处理和分析。通过数据融合，机器人可以综合利用激光雷达的三维信息和视觉传感器的视觉信息，构建出更加全面、准确的环境模型。在此基础上，机器人可以运用智能决策算法来规划最优路径、预测障碍物行为、制定避障策略等，从而实现更加高效、安全的导航和避障。

② 全局路径规划与局部避障　地图构建与路径规划算法在机器人自主导航中扮演着至关重要的角色，它们共同为机器人提供了从起点到终点的完整导航解决方案。

地图构建（SLAM 技术）：即时定位与地图构建（SLAM）技术是机器人领域的一项关键技术，它允许机器人在未知环境中同时进行自我定位和周围环境地图的构建。在SLAM 过程中，机器人通过集成多种传感器（如激光雷达、视觉传感器、惯性测量单元等）的数据，利用算法估计自身的位置和方向（定位），并基于这些估计值逐步构建出周围环境的地图。这些地图可以是二维的栅格地图，也可以是三维的点云或网格地图，具体取决于应用需求和传感器类型。构建出的地图不仅为机器人提供了环境的静态表示，还可以记录环境的变化和动态障碍物的信息。

a. 全局路径规划算法　基于构建好的地图信息，机器人需要采用合适的算法进行全局路径规划。A*算法和Dijkstra算法是两种常用的路径规划算法，它们能够在复杂的地图中搜索出从起点到终点的最优或次优路径。A*算法通过引入启发式函数来评估每个节点的潜在价值，从而提高了搜索效率，尤其适用于具有明确目标点和代价函数的场景。而Dijkstra算法则是一种更为通用的最短路径算法，它通过逐步扩展已知最短路径集合的方式，最终找到起点到所有其他节点的最短路径。在全局路径规划中，这些算法不仅考虑了路径的长度，还可能考虑其他因素，如路径的安全性、通行性等，以确保规划出的路径既高效又安全。

b. 局部避障算法　尽管全局路径规划为机器人提供了宏观的导航方向，但在实际行进过程中，机器人仍然需要处理各种未知的障碍物和动态变化的环境。此时，局部避障算法就显得尤为重要。模糊逻辑控制、人工势场法以及基于深度学习的避障算法是几种常用的局部避障方法。模糊逻辑控制通过模拟人类思维中的模糊性来处理传感器数据，并根据预设的模糊规则做出避障决策。人工势场法则通过构建虚拟的引力场和斥力场来引导机器人避开障碍物。而基于深度学习的避障算法（如深度强化学习）则利用深度学习模型从大量数据中学习避障策略，并能够在复杂的动态环境中做出更加智能的决策。这些局部避障算法能够快速响应环境变化，确保机器人在遇到障碍物时能够安全绕过并继续向目标前进。

③ 多机器人协调避障　通过深化通信机制与数据共享以及细化分布式控制策略，多机器人系统能够更好地实现协调避障和协同作业，提高整体性能和效率。

a. 通信机制与数据共享的深化　在多机器人系统中，构建一个高效、安全且可扩展的通信机制是确保各机器人之间能够顺畅协作的关键。除了常见的无线局域网（WLAN）、蓝牙和Zigbee等通信技术外，随着物联网技术的发展，更多先进的通信方式如LoRa、NB-IoT等也开始被应用于多机器人系统中，以适应不同场景下的通信需求。

为了确保通信的可靠性和实时性，多机器人系统往往采用专门的通信协议，这些协议不仅定义了数据传输的格式和速率，还包含了错误检测和纠正机制，以确保数据在传输过程中的完整性和准确性。此外，加密技术的应用也是必不可少的，以保护敏感数据不被未授权访问。

在数据共享方面，多机器人系统需要构建一个统一的数据管理平台，用于收集、整合和分发来自各个机器人的信息。这些信息包括但不限于机器人的位置、速度、姿态、传感器数据以及避障决策结果等。通过实时共享这些数据，机器人能够更全面地了解周围环境和其他机器人的状态，从而做出更加精准的避障决策和路径规划。

b. 分布式控制策略的细化　分布式控制策略在多机器人系统中的应用，不仅降低了系统的复杂性，还提高了其鲁棒性和可扩展性。在分布式控制框架下，每个机器人都具备一定的自主决策能力，能够根据自身的传感器数据和局部环境信息独立执行避障和路径规划任务。

然而，要实现整体上的协调一致，还需要通过有效的通信和协作机制来确保各机器人之间的决策能够相互兼容和补充。这通常涉及多机器人系统中的协同规划、任务分配和冲突解决等复杂问题。例如，当多个机器人需要共同执行某项任务时，可以通过协商机制来分配各自的职责和优先级；当发生路径冲突时，可以通过调整各自的运动轨迹或速度来避免碰撞。

此外，为了进一步提高分布式控制策略的效率和性能，还可以引入一些先进的算法和技术，如多智能体系统（MAS）、博弈论、优化理论等。这些算法和技术能够帮助机器人更好地理解彼此之间的交互关系，并制定出更加合理和高效的协作策略。

第 2 章　多机器人协作搬运正方体工件仿真系统设计

工业机器人在工业、农业、国防等领域的应用越来越广泛，解决了传统的搬运加工需要大量的人工操作，费时费力，效率低，而且容易出现误操作和安全问题。工业机器人在搬运作业中的应用可以减少人工操作，提高生产效率、稳定性、快速性、准确性和安全性。本章采用功能强大的虚拟仿真软件 RobotStudio 实现多工业机器人对正方体工件的搬运过程。首先，完成整个工作站的虚拟仿真平台搭建；其次，完成多工业机器人对正方体工件的搬运的硬件系统设计和软件系统设计；最后，对多工业机器人搬运系统进行仿真验证。整个仿真视频效果验证了所设计的多工业机器人对正方体工件的搬运系统的可行性和有效性。整个过程实现了无人化操作，提高了搬运效率、安全性及智能化水平，进而提高了企业的经济效益，极具推广价值。

2.1　概述

2.1.1　项目概况

在自动化生产过程中，工件的搬运是一个基础且频繁的操作任务。伴随着工业4.0时代的到来，智能制造领域中多机器人系统因其灵活性、高效率和稳定性而变得越来越关键。随着制造业的不断发展和自动化、智能化水平的持续提升，多机器人协作系统在工业应用中展现出了越来越大的作用。特别是在那些需要对形状规则、体积较大或重量较重的正方体工件进行搬运的场景中，多个机器人的协同作业成为满足安全与效率要求的重要手段。因此，开发一个能够精确模拟多机器人协作搬运工件过程的仿真系统，对于生产流程的优化具有重要的实践意义。

本章致力于设计一款多机器人协作搬运系统，旨在实现从原料的上料到加工完成后下料的整个搬运过程自动化。在仿真系统的设计过程中，我们着重增强对系统模型的理解：该仿真平台为研究者提供了一个实验环境，可以用来验证和优化关于多机器人系统行为的理论模型和假设。同时，它也用于测试和验证新的机器人技术、通信协议和协作策略，为理论研究提供了实验验证支持。此外，多机器人协作系统的设计也是智能控制理论在复杂系统中应用的一个典型实例，通过仿真研究有助于这些理论和技术的进一步发展和完善。

多机器人协作搬运正方体工件的仿真系统设计不仅仅是技术上的进步，也是推动整个生产过程向更加安全、高效和智能化方向发展的重要驱动因素。①它的全自动技术能为自动生产降低成本和风险：仿真系统使得在真实环境实施之前，可以在无风险的条件下对协作策略和系统布局进行多次测试和验证，这样可以有效降低实际部署中的成本和潜在风险。②提高生产效率：多机器人协作系统能够在工业生产线上提高搬运正方体工件的效率，特别是对于重型和大尺寸工件的搬运。③增加作业灵活性：通过有效的协作算法，机器人可以根据生产需求快速重组和调整，提高了搬运任务的灵活性和适应性。④提升搬运作业安全性：多机器人协作能够减少人工直接参与重物或危险物品的搬运，提高了作业的安全性。⑤推动智能制造发展：仿真系统设计与测试的成果将为进一步实现智能制造提供技术支撑，对于促进产业自动化和智能化升级具有重要意义。⑥环境适应性提升：仿真系统设计也考虑了多机器人在复杂环境中的协作，提高了系统对不同工作环境的适应能力。⑦教育和培训：仿真系统可以作为教学工具，帮助学生和工程师更好地理解多机器人系统的工作原理和设计方法，为人才培养贡献力量。

2.1.2　技术背景

多机器人协作从概念到实际应用，其发展演变经历了数个重要的阶段，在初始阶段，搬运任务主要依赖人工操作，机器人的使用非常有限，仅限于简单的重复性任务，并且它们之间缺乏协作。经过不断地发展和创新后，有了自动化搬运，随着工业自动化的兴起，机器人被引入到生产线中，开始承担更多的搬运任务。这些机器人相对独立工作，针对特定的任务进行编程。接着，工程师和研究人员开始探索如何使多个机器人协同工作。最初的协作通常依赖于严格的编程和环境中固定的参数。而下一个阶段就是通信与协作技术的配合，随着无线通信技术和同步算法的发展，机器人之间开始实现更灵活的交互和协作。协作不再依赖于预设的参数，而是能够对环境做出反应，并在任务中实时调整行动。如今追求的是多机器人智能协作，在当前这个阶段，协作机器人系统开始集成更多的智能化技术，如机器人视觉、机器学习与人工智能。这些技术使得机器人不仅能够执行固定的程序，还能够通过学习和适应来提高操作的准确性和效率。

随着技术的不断进步，多机器人协作将变得更具智能性和自适应性。这意味着机器人将能够更好地理解和预测人的意图和行为，从而实现与人类的无缝协作，这种发展趋势将在工业自动化中产生深远的影响。此外，全球范围内对标准化和模块化的需求日益增强，这将使得多机器人系统更易于部署和维护，并且能够快速地适应多变的生产需求。这种趋势对于提高生产线的灵活性和效率至关重要。机器人之间的群体智能、去中心化的决策机制以及更高级的交互能力也是未来发展的可能方向。整个演变过程体现了从简单的自动化搬运到复杂的智能交互协作，机器人技术和人工智能的融合正在不断推进工业自动化的边界。

2.1.3　系统设计要点

随着工业机器人产业的壮大，依托于这些先进机械装置的自动化系统亦随之诞生。在众多现代工业生产环节中，工业机器人扮演了至关重要的角色，极大地推进了工业化的步伐。机器人搬运作业不仅效率极高，而且大幅减轻了人工劳动的难度和强度。通过机器人的协同工作，不仅确保了生产效率的稳定性，也显著降低了作业工人的疲劳度，有效促进了产业的进步。现阶段，某些搬运任务超出了单个机器人的处理能力，必须通过多个机器人的协作来完成。工业机器人在提升产品品质与数量、增加劳动效率以及降低成本方面发挥着至关重要的作用。相较于单独作业，多机器人协作拥有显著优势，如系统具备更强的冗余性和鲁棒性，更易于集成和标准化。这不仅保障了产品制造的质量，还减轻了工人的劳动强度，优化了工作环境。本章以生产线上的工件搬运为研究对象，通过选择适宜的产品型号和程序编写，实现高效率、高水准和低成本的产品搬运作业。

该多机器人协作搬运工件仿真系统的设计要点如下。

① 建立机器人模型和运动规划：设计和建立各个参与协作搬运的机器人的三维模型，并实现机器人的运动规划算法，包括路径规划、运动插补等，以实现准确、流畅的物体搬运动作。利用RobotStudio搭建机器人搬运工件系统的仿真模型，再结合TCP对系统的运动进行规划，实现仿真系统的准确性。

② 多个机器人任务规划和多机器人协作：基于搬运任务的要求，设计任务规划算法，将任务合理分配给多个机器人，并确定搬运顺序、工作路径等。同时，研究多机器人的协作策略和通信机制，以实现高效的工件搬运。

③ 传感器模拟和反馈控制：模拟各种传感器的输入，例如视觉传感器、力传感器等，以获取机器人和工件的状态和环境信息。基于传感器反馈信息，设计反馈控制方法，实现对机器人的实时控制和调整，以确保搬运过程中的精确性和稳定性。

2.2　多机器人协作搬运系统整体方案设计

本节以实现多个工业机器人协作完成搬运任务为目标，通过对整体设计方案中包含的关键理论知识和实现方式，即工件搬运工艺流程及离线搬运路径生成方式、机器人运动学及参数标定、多机器人协调轨迹规划及协调控制策略进行具体的分析与研究，为后面的章节提供参考与依据。

2.2.1　工作站方案设计

根据搬运任务，设计机器人控制策略，包括运动、抓取、放置等操作，确保机器人具有足够的灵活性和精准性，适应不同的工件类型和搬运方式。针对搬运过程中可能出现的安全隐患设计安全措施，确保机器人和工人在协作过程中的安全性和可靠性。进行仿真测试时，评估机器人协作搬运方案的性能和效果，根据测试结果进行优化和改进，提高搬运效率和质量。本章设计的基于多个机器人协作的搬运系统，要求机器人具有工作空间大、运动灵活以及运行误差小等特性，因此选用具有高作业效率、高协调能力、高精准能力和高容错率等特点的IRB2600机器人。

本节设计的工件搬运、分拣、码垛的工作系统采用RobotStuido软件进行模拟设计并仿真。创建系统大概流程为：从RobotStudio模型库中导入传送带、码垛盘和安全围栏等设备模型；运用建模功能完成搬运物的建模；利用Smart组件使模型不断生成并控制各工件的运动，以达到传送效果；完成I/O信号的连接以及搬运、分拣和码垛程序的编写后，进行仿真测试，观察是否需要进行调整。设计流程如图2-1所示。

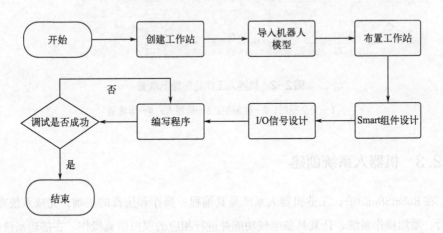

图2-1　工作站设计流程

2.2.2　工作站布局设计

如何才能让整个工作站的效率更高、路径更优化和工作环境更安全，在布局上需要有巧妙的设计。综合考虑生产需求和工作流程的特点，选用L形的工作站布局，适用于本次设计的分支流程和多个工作站之间直接交流的任务。工作站布局方案如下：采用工件上料区、工件分拣区和工件码垛区。用一条传送带将工件传送到第一个机器人的位置，机器人将工件搬运到下一条传送带，第二条传送带上的机器人负责分拣、搬运、码垛。其主要优点有：使用设备较少，搬运效率更高，将工件分拣出来并码垛，有利于工件的区分和包装等。工作站布局如图2-2所示。

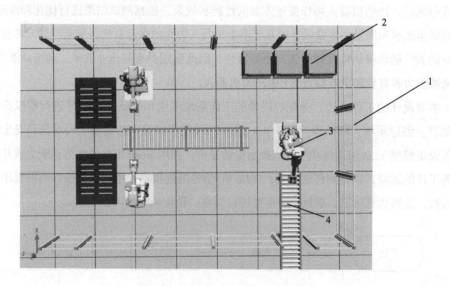

图2-2　机器人工作站布局示意图

1—安全栅栏；2—控制柜；3—机器人；4—运输链

2.2.3　机器人系统创建

在RobotStudio中，工业机器人系统是其编程、操作和仿真的基础，完成系统布局之后，添加操作系统，让其具备电气功能并进行相应的模拟仿真操作。在搭建系统时，需要使用合适的路径规划，为机器人确定最优的搬运路径，考虑环境限制、工作场所布局和机器人的动态避障能力。

创建系统后可以将机器人的一些固定路径通过手动创建移动路径生成，方便在后面整体控制编程时，可以直接引用自动生成的路径代码。根据整个工作站的设计，共需要三个机器人，创建三个机器人系统，分别为System1、System2和System3。根据搬运的路径设计机器人的移动路径，分别设定目标点，主要路径如图2-3~图2-5所示。

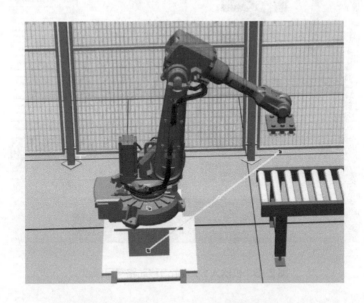

图2-3 机器人System1移动路径目标点

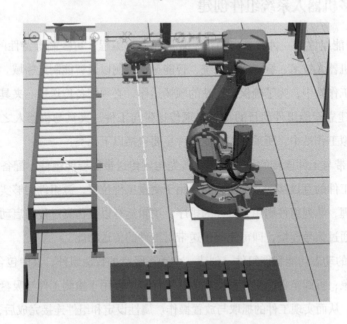

图2-4 机器人System2移动路径目标点

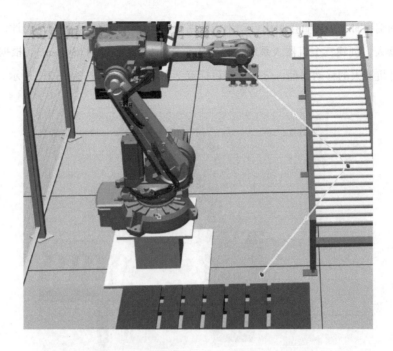

图2-5 机器人System3移动路径目标点

2.2.4 多机器人系统组件创建

Smart智能组件是一种具备自动化、智能化、可编程、可控制等特性的高级组件，广泛应用于机器人技术、智能家居系统、智能车辆控制以及智能制造领域。在搬运分拣及码垛模拟工作站中，为了确保工作站的顺畅运作，必须配备传送带、夹具及机器人等关键设备。建立智能组件的目的在于实现传送带与工件、夹具与机器人之间的无缝对接。在本模拟工作站中，所采用的智能组件主要包括以下几类：

① 传送带与工件连接的智能组件。首先构建传送带的智能组件，配备线性移动传感器以实现工件的直接移动，平面传感器用于测量工件位置，源组件能够实现工件的复制与排队管理，队列组件则用于工件的排序、逻辑运算以及仿真过程的启动与停止。创建组件后，通过信号连接，即可完成传送带对工件的传送功能。

② 吸盘的动态功能智能组件。创建一个动态吸盘的智能组件，其中包含附件组件，用于安装对象；拆卸组件，用于移除对象；线性传感器用于检测工件与吸盘之间是否有一条交叉线，从而实现工件的抓取与放置操作。属性设定和组件连接完成后，通过输入/输出（I/O）信号的连接，最终实现吸盘对工件的精确操控。

2.2.5 多机器人系统I/O信号创建

智能组件需与工业机械手臂的信号进行逻辑联动，此联动旨在把智能组件转换成一种能够与工业机械手臂进行通信的可编程控制器，以便于执行后续的操作控制。接着，对智能组件与机械手臂间的信号交互进行程序设计，以便来完成整个工作站的模拟动画展示。因此，首先应在输入/输出（I/O）系统内设置必要的信号连接。I/O信号配置如表2-1所示。

表2-1 I/O信号配置

信号	信号类型	信号	信号类型
di1	Digital Input	do1	Digital Output
di2	Digital Input	do2	Digital Output
di3	Digital Input	do3	Digital Output

2.2.6 多机器人系统工作站逻辑

本次设计的工作站逻辑是：将机器人系统配置信号与Smart组件进行相关联的配置，此外，工作站逻辑是实现传送带Smart组件和机器人真空吸盘信号的关联，实现物块到达指定位置时，机器人可以接收指令拾取物块。

2.3 多机器人协作搬运系统软硬件系统设计

本节主要阐述实现多工业机器人协作系统中的软件和硬件设计，在多工业机器人协作搬运过程中，机器人如何精准地进行运输轨迹跟踪和夹取恒力保持，运输链如何与机器人进行协作，硬件和软件设计起着决定性作用。本节主要对工业机器人控制系统的整体架构和控制策略进行分析与设计，根据需求选择合适的硬件和软件设施，并搭建控制系统仿真平台验证控制算法的可行性和正确性，为后面的章节提供参考与依据。

2.3.1 多机器人协作系统硬件系统设计

（1）机器人型号选择

本章介绍的机器人主要是ABB的IRB2600型号。它具有几个显著的特点。

① 高精度。IRB2600机器人设计紧凑，负载能力强，适合多种应用，包括弧焊、喷涂、物料搬运和上下料。它具有优化的设计，可提供三种不同配置，并支持多种安装方式，如落地式、壁挂式、支架式、斜置式和倒装式。

② 短周期。IRB2600采用了优化设计，机身紧凑轻巧，能够显著缩短节拍时间，最多可减少25%的时间（与行业标准相比）。其配备QuickMove运动控制软件，能够使机器人的加速度达到ABB同类产品的最高水平，并最大化地提高速度，从而提高产能和效率。

③ 超大范围。IRB2600具有超大的工作范围，支持灵活的安装方式，能够轻松到达目标设备而不会干扰辅助设备。优化的机器人安装是提高生产效率的有效手段，IRB2600灵活的安装方式在模拟最佳工艺布局时能够带来极大的便利。

IRB2600机器人模型如图2-6所示。IRB2600机器人运动范围如图2-7所示。

图2-6 IRB2600机器人模型

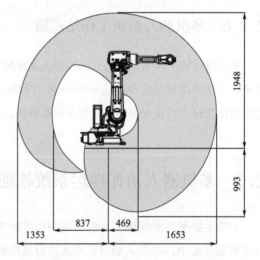

图2-7 IRB2600机器人运动范围

（2）工作站主要设备选型

在选择工作站中的运输链时，可以在 RobotStudio 软件中直接使用"创建输送带"命令来自定义输送带。在仿真中，定义成功的输送带可以自动复制物料，在上料、传送和下料方面与实际输送带功能完全一致。

传送带的选择是 Conveyor guide400，这个型号是 RobotStudio 软件模型库中预设的输送链型号之一，如图2-8所示。与其他型号的输送链相比，该输送链的高度与所选机器人范围参数更匹配，输送部分采用圆筒结构，更适合物品输送，物块的选型参照传送带的参数，大小适宜即可，本次设计中使用正方体物块模型模拟待搬运的产品，设置模型的尺寸为300mm×300mm×300mm，并在仿真中添加一个"Random"组件，仿真时随机生成一个0~1的数值，通过信号传递随机生成颜色。图2-9为运输物料模型。

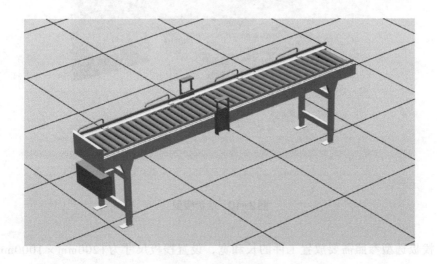

图2-8 传送带模型

图2-9 运输物料模型

由于物料选用的是正方体模型，为了方便夹取工件，采用吸盘作为夹具，需要在软件自带的建模功能中设计吸盘模型，如图2-10所示。

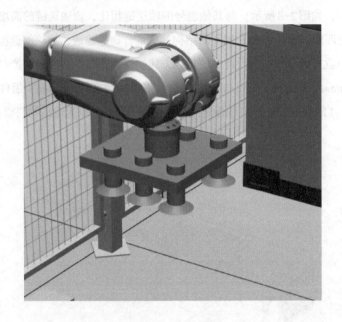

图2-10 吸盘模型

　　栈板选型参照需要放置工件的长和宽，设置栈板尺寸为1200mm×1000mm×200mm（图2-11）。

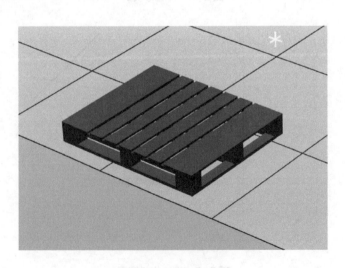

图2-11 栈板模型

安全围栏选型根据整个工作站的大小选择，主要用于防治发生安全事故和外界的干扰。本次设计选择模型库中的fence gate，更加贴合整体布局设计，如图2-12所示。

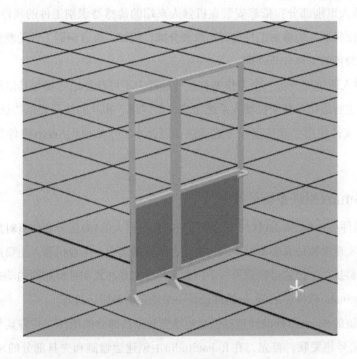

图2-12 安全围栏模型

（3）协作搬运系统控制系统设计

从程序的主架构来看，多机器人协作搬运工件控制程序主要包含逻辑控制部分、多机协作部分、轨迹运行部分、识别部分以及通信部分。通过确定搬运任务的要求，包括要搬运的物体颜色、重量、形状，以及搬运的环境条件，分析系统需要的机器人数量、布局、通信、识别和协作方式等基本要求，确保多机器人协作搬运工件顺利进行。

① 机器人逻辑控制部分：负责根据工件的运输需求自动切换相应的控制程序，以确保不同工位的机器人能够协同合作，有序地搬运工件。

② 机器人多机协作部分：当多台机器人同时工作时，需要设计好多机器人动作节拍，确保它们之间的协作顺利进行。当一台机器人完成任务后，另一台机器人需要衔接进行工作。各设备在达到同步点后进入等待状态，直至所有程序任务都到达对应的同步点。

③ 机器人轨迹运行部分：这部分确定了机器人在搬运过程中的运动轨迹，包括起点、终点以及中间路径。轨迹的优化直接影响到搬运系统的工作效率。

④ 机器人识别部分：依靠安装在机器人末端的传感器识别工件的属性，如颜色、形状等，以便机器人能够对工件进行抓取和分拣。例如，通过识别工件的颜色，机器人可以将不同颜色的工件分开处理。

⑤ 机器人通信部分：一个工作站在运行过程中不可避免地需要与其他外部设备或者人机接口进行通信，整个机器人系统组成一个网络，相互间按照通信协议进行通信。ABB机器人支持使用"套接字"方式通信，因此本工作站使用Smart组件的串联进行通信。

（4）Smart组件系统设计

Smart组件在RobotStudio软件中的作用是连接机器人的I/O信号和仿真对象的运动属性控制，是实现虚拟仿真必不可少的功能。在实际搬运中，工业机器人主要通过控制真空吸盘将物料从一个位置运输到另一个位置。为了实现与真实平台相同的动态效果，可以利用RobotStudio软件中的Smart组件设计一个动态物料搬运过程。

整个系统的Smart组件设计包括创建运输链和夹具部分的组件，并将其与机器人控制器的I/O信号相关联。首先，在RobotStudio中创建运输链和夹具部分的Smart组件，在设计Smart组件时要考虑物料的搬运路径和机器人的动作，利于机器人控制系统控制Smart组件的运动，从而控制物料的搬运过程。其次，将机器人的动作与Smart组件的运动属性进行关联，这样就确保了当机器人执行搬运任务时，Smart组件会相应地调整物料的位置和状态。最后，将设计好的搬运程序加载到RobotStudio中进行仿真验证，通过仿真可以验证搬运过程的正确性和效率，并进行进一步优化，确保系统设计的可靠性和稳定性。进一步，基于RobotStudio软件中的Smart组件设计一个动态物料搬运过程，实现物料的智能化搬运，并在虚拟环境中进行仿真测试，以确保系统设计的稳定性、快速性、准确性和可靠性。

根据图2-13，首先，运输线1上的Smart组件将根据输出脉冲的数据信号生成随机数，再通过比较数值大小来确定生成的物料颜色。如果生成的随机数小于等于0.5，将产生红色物料；如果大于0.5，将产生绿色物料。接着，这些物料需要进行组队操作使物料一次通过。最后，监测组件将被设置在机器人夹取物料处，以确保物料正确被夹取。在物料被夹取后，它们需要从运输链1脱离连接，并移动到另一条运输链上。这个过程需要另一个Smart组件来控制物料的移动和连接状态。运输链1的组件逻辑连接如

图2-13所示。

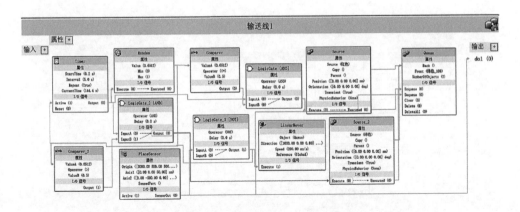

图2-13 运输链1的组件逻辑连接

运输链2上的Smart组件包含两个传感器组件，检测不同颜色的物料，一个放在传送带前端，一个放在末端；一个列队组件，让工件在传送带上运输；两个碰撞监控组件，识别工件颜色，当工件为红色时，CollisionSensor被激活，输出信号1，将信号doA传递给机器人；当工件为绿色时，CollisionSensor2被激活，输出信号1，将信号doB传递给机器人。运输链2的组件逻辑连接如图2-14所示。

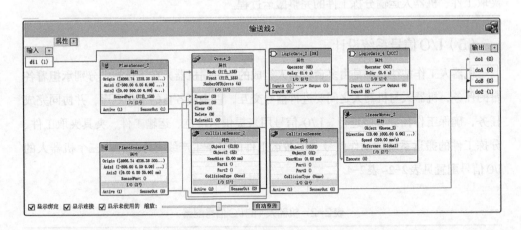

图2-14 运输链2的组件逻辑连接

运输链关联的面传感器感应到物料后输出信号，机器人接收信号执行夹取搬运物料动作。机器人上的吸盘的Smart组件控制吸盘的吸取与放开，在夹具中添加一个线传感器，用来感应夹具夹取工件的动作。吸盘组件的逻辑连接如图2-15所示。

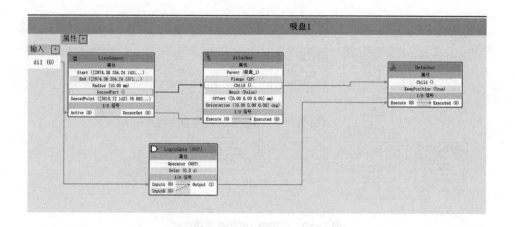

图2-15 吸盘组件的逻辑连接

当夹具移动到运输链的物料放置点，传感器感应到工件后，给夹具一个放置成功的输入信号，运输链也会得到工件到位的信号，将工件运输到分拣位置。在分拣位置的面传感器感应到后将工件到位的信号输出，分拣机器人接收信号实施分拣程序，完成后机器人回到初始作业点。运输链、夹具的I/O信号，实现模拟仿真运输链运输工件、夹具夹取工件、机器人运输分拣工件的完整搬运过程。

（5）I/O信号系统设计

机器人工作站往往都是由多台机器人组成的，不同机器人在工作站中分别承担着各自的任务，机器人与机器人之间要进行信号交互，以协调各自的工作顺序，并协同完成任务，确保工作任务有序进行。I/O信号用来提供运输链、运输工件、夹具夹取工件、分拣工件的搬运系统的动作信号，使搬运工件的整条生产线有序进行。三个机器人的I/O信号配置见表2-2~表2-4。

表2-2 机器人1的I/O信号配置

源信号	信号类型	目标对象	目标信号
do1	Digital output	输送线2	di1
do2	Digital output	吸盘1	di1

表2-3 机器人2的I/O信号配置

信号源	信号类型	目标对象	目标信号
do1	Digital output	吸盘2	di1
do3	Digital output	Logicgate_3[OR]	inputA

表2-4 机器人3的I/O信号配置

信号源	信号类型	目标对象	目标信号
do1	Digital output	吸盘3	di1
do3	Digital output	Logicgate_3[OR]	inputB

2.3.2 多机器人协作系统软件系统设计

（1）多机器人系统工作站逻辑系统

在控制器选项中添加"I/O System"，在仿真"工作站逻辑"中连接系统信号和Smart组件信号。运输链、夹具、传感器的输出信号分别连接到系统信号的输入端，系统信号的输出端分别连接到运输链、夹具、机器人的输入信号。系统整体的信号连接如表2-5所示。

表2-5 系统整体的信号连接

源对象	源信号	目标对象	目标信号
运输线1	do1	System1	di1
System1	do1	运输线2	di1
System1	do2	吸盘1	di1
System2	do1	吸盘2	di1
System3	do1	吸盘3	di1
运输线2	do1	System2	di1
运输线2	doA	System2	di2
运输线2	do1	System3	di1
运输线2	doB	System3	di2

源对象	源信号	目标对象	目标信号
运输线 2	do2	System1	di2
Logicgate_3[or]	Output	Stopsimulation	Execute
System2	do3	Logicgate_3[or]	InputA
System3	do3	Logicgate_3[or]	InputB

本工作站由两条输送线构成，分别完成工件的搬运和分拣码垛，基于工作站整体的信号连接，在输送线Smart组件设计过程中加入时间组件，控制生产节拍，并分别通过逻辑组件和传感器组件控制物料的输送过程和传递物料到位信号。各输送带之间的信号与属性连接如表2-6、表2-7所示。

表2-6 运输线1的信号连接

源对象	源信号	目标对象	目标信号
Timer	Output	Random	Execute
Timer	Output	Logicgate_2 [AND]	InputA
Timer	Output	Logicgate [AND]	InputA
Comparer	Output	Logicgate [AND]	InputA
Comparer_2	Output	Logicgate_2 [AND]	InputA
Logicgate [AND]	Output	Source	Execute
Logicgate_2 [AND]	Output	Source_2	Execute
Source	Executed	Queue	Enqueue
Source_2	Executed	Queue	Enquene
Planesensor	Sensorout	Logicgate_3 [NOT]	InputA
Logicgate_3 [NOT]	Output	LinearMover	Execute
Logicgate_3 [NOT]	Output	Timer	Active
Planesensor	Sensorout	运输线 1	do1
Planesensor	Sensorout	Queue	Dequeue

表2-7　运输线2的信号连接

源对象	源信号	目标对象	目标信号
Planesensor_3	Sensorout	运输线2	do1
Planesensor_2	Sensorout	Queue_2	Enqueue
Planesensor_3	Sensorout	Queue_2	Dequeue
Logicgate_4 [NOT]	Output	LinearMover_2	Execute
CollisionSensor	Sensorout	运输线2	doA
CollisionSensor_2	Sensorout	运输线2	doB
Planesensor_3	Sensorout	Logicgate_2 [OR]	InputB
运输线2	di1	Logicgate_2 [OR]	InputA
Logicgate_2 [OR]	Output	Logicgate_4 [NOT]	InputA
Planesensor_2	Sensorout	运输线2	do2

为了实现工作站运动的功能，需要通过对工作站的各个部件添加Smart组件来完成，在RobotStudio软件中有许多触发型、持续型、触发持续型和逻辑类等组件，通过组件之间的信号与属性连接，可实现工作站的仿真动画设计和机器人运动模拟，还可进一步检查工作过程中是否与物体有干涉，以及验证整个工作过程是否合理。各组件的连接关系如图2-16所示。

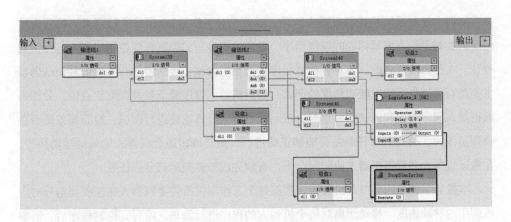

图2-16　工作站动态组件逻辑连接

（2）机器人控制程序设计

为了使机器人的搬运工作能够按照给定的任务开展，需要设计相应的控制程序。其主要控制程序包括工作站初始化程序、主程序、工作站搬运程序等。为了提高编程效率，在仿真工作站中进行离线编程，先进行物料搬运流程设计，如图2-17所示。

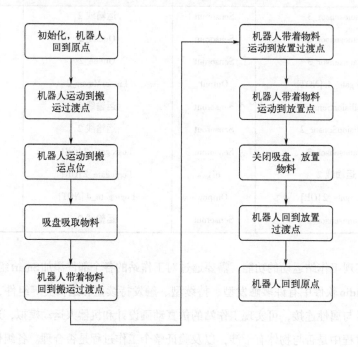

图2-17 搬运流程图

机器人控制系统是控制机器人运动，需首先对工作站I/O信号进行定义，然后设计相应的控制逻辑并编写相应的控制程序，最后运用编写的控制程序控制机器人进行仿真验证。在仿真验证之前，需对各控制程序进行相应调试：传送带的程序验证和调试内容主要是对传送带运输速度和角度的调试；搬运机器人程序验证和调试取放点位；分拣码垛机器人程序验证和调试主要是对分拣码垛机器人分拣轨迹进行调试，检验偏差是否在合理范围内，检查码垛任务是否能够正确进行，最终确定适合机器人的最优运动路径。在搬运机器人和分拣机器人协同配合下，有效完成工件搬运与分拣任务。

本搬运系统中用到三个机器人，根据每个工作岗位所需要机器人在接收到信号时应该调用的移动速度、移动距离对每个机器人的程序进行编写。编写完控制程序后，需要对机器人程序进行调试，机器人控制程序调试的步骤主要是按照从局部到整体的顺序，首先测试各个机器人单独运行程序是否存在错误，测试每个机器人的控制程序无报错后，再对整个系统程序进行测试优化，最终得到最优的控制程序。

搬运机器人的程序编写如下：

```
PROC main( )  //主程序
        Set do1;
        Set do2;
        WaitTime 0.2;
        Reset do1;
        Reset do2;
        Start:
        QU;   //调用取物程序
        FANG;  //调用放置程序
        Reset do1;
        GOTO Start;
    ENDPROC
    PROC QU( )
        MoveJ OFFS(Target_10,0,0,170),v5000,z100,XP\WObj:=wobj0;
        WaitDI di1,1;
        MoveL Target_10,v5000,fine,XP\WObj:=wobj0;
        Set do2;
        WaitTime 0.5;
        MoveL OFFS(Target_10,0,0,170),v5000,z100,XP\WObj:=wobj0;
    ENDPROC
    PROC FANG( )
        WaitDI di2,0;
        MoveJ OFFS(Target_20,0,0,170),v5000,fine,XP\WObj:=wobj0;
        Set do1;
        MoveL Target_20,v5000,fine,XP\WObj:=wobj0;
        Reset do2;
        WaitTime 0.5;
        MoveL OFFS(Target_20,0,0,170),v5000,fine,XP\WObj:=wobj0;
    ENDPROC
    PROC Path_10( )
        MoveL Target_10,v5000,z100,XP\WObj:=wobj0;
```

```
        MoveL Target_20,v5000,z100,XP\WObj:=wobj0;
    ENDPROC
ENDMODULE
```

分拣码垛机器人的程序编写如下：

```
PROC main( )  //主程序
        Reset do3;
        Set do1;
        WaitTime 0.2;
        Reset do1;
        FOR A FROM 1 TO 12 DO   //在每次循环中，A的值从1开始递增直到12为止
            QU;
            FANG;
            JS;
        ENDFOR
        MoveAbsJ JointTarget_1,v5000,z100,XP\WObj:=wobj0;
        Set do3;
    ENDPROC
    PROC QU( )
        MoveAbsJ JointTarget_1,v5000,z100,XP\WObj:=wobj0;
        WaitUntil di1=1 AND di2=1;
        MoveJ OFFS(Target_10,0,0,170),v5000,z100,XP\WObj:=wobj0;
        MoveL Target_10,v5000,fine,XP\WObj:=wobj0;
        Set do1;
        WaitTime 0.5;
        MoveL OFFS(Target_10,0,0,170),v5000,z100,XP\WObj:=wobj0;
    ENDPROC
    PROC FANG( )
        MoveJ
OFFS(Target_20,X,Y,Z+380),v5000,z100,XP\WObj:=wobj0;
        MoveL OFFS(Target_20,X,Y,Z),v5000,fine,XP\WObj:=wobj0;
        Reset do1;
```

```
        WaitTime 0.5;
        MoveL
OFFS(Target_20,X,Y,Z+380),v5000,z100,XP\WObj:=wobj0;
        X:=X-300;
    ENDPROC
    PROC JS( )
        IF X= -900 AND Y=0 THEN
            X:=0;
            Y:=300;
        ENDIF
        IF X=-900 AND Y=300 THEN
            X:=0;
            Y:=0;
            Z:=Z+300;
        ENDIF
    ENDPROC
    PROC Path_10( )
        MoveL Target_10,v5000,z100,XP\WObj:=wobj0;
        MoveL Target_20,v5000,z100,XP\WObj:=wobj0;
        MoveAbsJ JointTarget_1,v5000,z100,XP\WObj:=wobj0;
    ENDPROC
ENDMODULE
```

2.4 仿真实验与分析

在多工业机器人协作搬运系统中，机器人如何精准地进行工件的运输和分拣码垛，顺利完成多个工业机器人协作搬运任务，机器人搬运路径的规划和机器人之间协作约束关系的确定是必要条件。本节主要通过对搬运工件系统稳定性、快速性、准确性和效率等方面的分析，生成机器人搬运工件最优路径。根据分拣工艺的要求，确定多个机器人之间的协作约束关系。利用搭建的仿真平台，验证离线规划的运输轨迹和机器人之间协作约束关系的可行性和有效性，为实际场景多个工业机器人协调运动控制奠定基础。

为了验证设计的搬运系统的合理性，需要进行仿真验证。针对搭建的工作站系统进行仿真，通过仿真检查工作站的运行是否合理，并针对有问题的地方进行调整优化。程序设计完成后，由TCP（工具中心点）轨迹设计仿真功能，模拟搬运设计轨迹，并进行搬运轨迹与工件分析，以确保机器人运行轨迹与实际工况一致，不会与周边设备发生干涉，产生危险。观察各示教点的位姿，对存在的奇异点位姿，仿真软件提示轨迹无法到达并停止仿真，由此验证各轨迹的安全可靠，对轨迹出现的奇异点重新修正再进行模拟仿真，直至能进行仿真，TCP轨迹仿真测试结果如图2-18~图2-20所示。

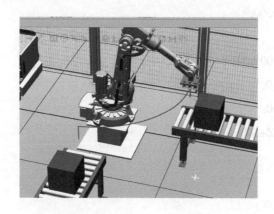

图2-18 机器人1的轨迹仿真测试结果

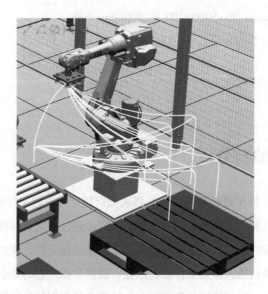

图2-19 机器人2的轨迹仿真测试结果

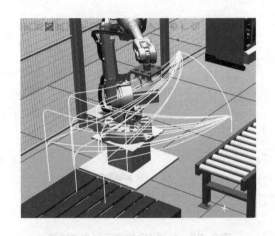

图 2-20　机器人 3 的轨迹仿真测试结果

通过 TCP 跟踪功能将工业机器人的实际运行轨迹记录下来进行分析，在实际任务中，机器人的 TCP 速度影响生产节拍，而对机器人速度、运动路径的规划通常是基于运动学和动力学理论基础推导得到。在 RobotStudio 软件中可直接通过 Rapid 离线编程修改 TCP 速度，并对比不同 TCP 速度对生产节拍的影响。在其他条件一致的情况下，修改机器人 TCP 极限速度，机器人速度也会发生变化。

提取工具中心点在当前工件坐标系 Wobj 中的实时速度和坐标位置，根据轨迹信号分析可以看出机器人的运动是具有周期性和规律性的，等待时间和运行时间基本一致。说明整个工作站的仿真运动是合理的，仿真的路径也是比较平缓的。机器人运行测试结果如图 2-21~图 2-23 所示。

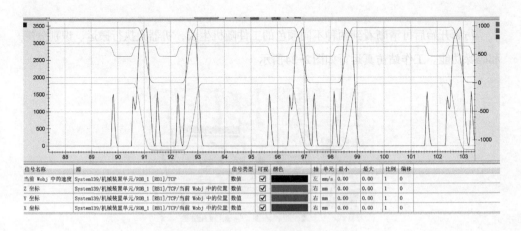

图 2-21　机器人 1 仿真运行测试结果

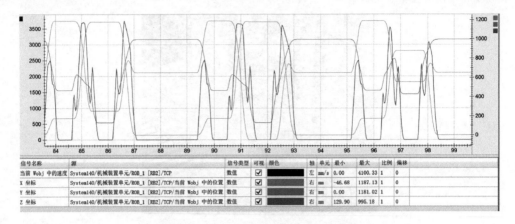

信号名称	源	信号类型	可视	颜色	轴	单元	最小	最大	比例	偏移
当前 Wobj 中的速度	System140/机械装置单元/ROB_1 [RB2]/TCP	数值	☑		左	mm/s	0.00	4100.33	1	0
X 坐标	System140/机械装置单元/ROB_1 [RB2]/TCP/当前 Wobj 中的位置	数值	☑		右	mm	-46.68	1187.13	1	0
Y 坐标	System140/机械装置单元/ROB_1 [RB2]/TCP/当前 Wobj 中的位置	数值	☑		右	mm	0.00	1181.02	1	0
Z 坐标	System140/机械装置单元/ROB_1 [RB2]/TCP/当前 Wobj 中的位置	数值	☑		右	mm	129.90	995.18	1	0

图2-22 机器人2仿真运行测试结果

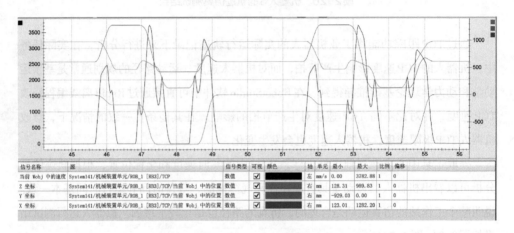

信号名称	源	信号类型	可视	颜色	轴	单元	最小	最大	比例	偏移
当前 Wobj 中的速度	System141/机械装置单元/ROB_1 [RB3]/TCP	数值	☑		左	mm/s	0.00	3782.88	1	0
Z 坐标	System141/机械装置单元/ROB_1 [RB3]/TCP/当前 Wobj 中的位置	数值	☑		右	mm	128.31	989.83	1	0
Y 坐标	System141/机械装置单元/ROB_1 [RB3]/TCP/当前 Wobj 中的位置	数值	☑		右	mm	-929.03	0.00	1	0
X 坐标	System141/机械装置单元/ROB_1 [RB3]/TCP/当前 Wobj 中的位置	数值	☑		右	mm	123.01	1282.20	1	0

图2-23 机器人3仿真运行测试结果

仿真开始后可清晰看到两种不同颜色的工件随机生成，机器人执行搬运、识别分拣和码垛功能。工作站仿真运行如图2-24所示。

图2-24 工作站系统仿真运行示意图

2.5 本章小结

本章主要针对目前搬运系统所使用的多机器人协作搬运系统进行了设计，完成了工作站的搭建、控制系统设计及仿真验证，通过仿真验证可知，多机器人协作搬运系统实现了工件的搬运和码垛功能，提高了系统的稳定性、快速性、准确性及效率，进一步验证了本次设计的可行性，达到预期效果。

第 3 章　多机器人协作打磨正方体工件仿真系统设计

传统的打磨加工需要大量的人工操作，费时费力，效率低，而且容易出现误操作和安全问题。而工业机器人在打磨工艺中的应用可以减少人工操作，提高生产效率和安全性。本设计采用虚拟仿真软件RobotStudio实现多工业机器人对正方体工件的打磨工艺过程。首先，完成整个工作站的虚拟仿真平台搭建；其次，完成多工业机器人对正方体工件打磨的硬件系统设计和软件系统设计；最后，针对多工业机器人对正方体工件的打磨系统进行仿真验证，实现对正方体工件的上料、搬运、打磨、下料功能。通过仿真验证所设计的多工业机器人协作对正方体工件打磨系统的可行性和有效性。多工业机器人对正方体工件的打磨整个过程实现了无人化操作，提高了打磨效率、安全性及智能化水平，进而提高了企业的经济效益，极具推广价值。

3.1 概述

3.1.1 国内外技术背景

（1）工业机器人打磨技术

随着我国制造业转型升级，智能制造已成为我国制造业发展的主要方向。企业智能生产线发展的目标是自动化、数字化、智能化。工业机器人应用是实现自动化的手段之一，当前国内外在工业机器人分拣、打磨、装配等方面均有较多的研究及应用，针对工业机器人在工件打磨应用领域，许多国内外学者和公司做了深入的研究。如美国的Kedar Joshi等研究了工业机器人柔度和磨削参数对精密磨削过程循环时间的影响，并在此基础上开发了工业机器人末端与工件相互作用和磨削过程循环时间的过程模型，该模型主要用于分析端面循环磨削过程。美国ACME公司从精度控制、顺应柔性控制和协同控制三个方面进行研究，分析了复杂零件使用机器人打磨的影响因素，构建了"测量-操作-加工"集成的机器人磨削系统，从而扩大工作空间和提高打磨效率。

相比于国外对工业机器人在自动打磨领域的研究，我国对自动化打磨领域的研究起步较晚，但国内在机器人打磨领域的研究和打磨系统的研发也获得了不错的成果。如哈尔滨工业大学郭万金等开发了一套用于管道磨抛加工与精度测量一体化的机器人打磨系统，根据磨抛路径，机器在加工作业过程中进行轨迹补偿规划，设计了一款专用打磨工具末端完成加工作业。梁海岗根据国内外打磨工艺研究现状与自动化打磨难点进行了分析，并针对打磨机器人难以精确定位被打磨区域，制定了一套基于3D点云的打磨机人系统方案。高英皓针对有多个表面需要打磨的工件，在打磨不同表面时需要反复装夹的问题，开展了多机器人协同规划与控制方面的研究，使用机器人代替工装夹具，省去多次装夹的时间。

综上所述，结合目前国内外工业机器人的打磨现状和发展情况，工业机器人具有适应能力强、精确性高、工作空间灵活等特点，工业机器人的结构设计与精准控制在各种环境下都能满足工作任务需求，在打磨工作中也能快速发挥优势。

（2）多工业机器人协作打磨加工技术

随着制造业的发展，工件加工质量的要求越来越高。然而，传统的单机器人加工方式已经无法满足生产需求。因此，多机器人协作加工技术迎来了发展机会。多机器人协作加工技术可以提高工件加工效率和质量，降低生产成本。这种技术是制造业发展的重要趋势，有助于促进工艺技术的创新。通过多个机器人协同作业，在对正方体工件进行打磨加工时，可以有效地实现全面覆盖，避免了单一机器人难以达到的盲区，这不仅提高了加工效率，也提高了加工质量。

国外方面，多机器人打磨技术已经得到广泛研究和应用。例如，ABB公司开发了多机器人协作打磨系统，可以实现多个机器人同时对工件进行打磨加工，提高了加工效率和加工质量。FANUC公司也开发了多机器人协作的打磨系统，可以实现多个机器人对复杂曲面进行打磨加工。

国内方面，多机器人打磨技术也得到了广泛研究和应用。韩家哺以具有复杂曲面形状的轮毂打磨作业为应用背景，研究双工业机器人协作打磨系统中两台机器人之间的协作控制策略，重点解决两台工业机器人协作打磨过程中的双工业机器人运动学及坐标标定、轮毂路线打磨路径生成及协调轨迹规划和双工业机器人协调运动控制关键技术。

综上所述，结合国内外多机器人协作打磨研究现状，实现多机器人协作打磨更能促进我国制造业发展。

3.1.2 多工业机器人协作打磨加工仿真技术

工业机器人应用场景最多的是上下料环节，其次是焊接，用于打磨的机器人较少。然而打磨在智能生产线中是一道很常见的生产工艺，尤其是大多数零件出厂前都要经过打磨这道工序，这充分说明机器人打磨具有广阔的应用前景。与单一机器人相比，多机器人协作系统在稳定性、快速性、准确性、功能和效率方面都有显著提升。

总体来说，国内外在多机器人打磨方面的研究和应用都已经取得了一定的进展，但仍存在一些挑战，如多机器人之间的协同控制、路径规划和加工力度的控制等问题，都需要进一步研究和解决。ABB公司的离线仿真软件RobotStudio应用广，易学习，整个软件的功能非常齐全。RobotStudio是一个运行工业机器人系统的功能强大的仿真软件，利用RobotStudio软件对机器人自动活塞浇注机进行仿真，并对活塞浇注机的组成、浇注手段、编程和仿真设计等进行研究，调试后可以直接在车间使用。

因此，多机器人协作打磨工件仿真系统的研究具有重要的意义。通过对多机器人协同作业的仿真研究，可以实现多机器人的协同控制、路径规划和加工力度的控制，从而提高加工效率和加工质量，降低生产成本，缩短产品生产周期，改善工人工作环境和减轻劳动强度。

3.2 多机器人协作搬运系统整体方案设计

本设计对象是多机器人协作打磨正方体工件，工件打磨完成后要执行对工件的码垛操作。整个设计采用虚拟仿真软件RobotStudio完成。设计中要实现两路未打磨工件的自动传送效果。仿真启动后，工业机器人能自动将未打磨工件依次放置到两路传送带上，工件到达打磨搬运位置后，两台工业机器人能将两路工件放置到打磨台上；另外两台工业机器人执行打磨操作，打磨完成后，前面两台工业机器人将打磨完成的工件搬运至另外一条传送带上；该传送带将工件运输到码垛位置，最后一台工业机器人进行码垛操作。

设计中要完成整个工作站的虚拟仿真工作站平台搭建、工业机器人模型、工件模型、工具模型、安全围栏等创建，并经过合理布局，实现真实场景的模拟再现；工作站搭建完成后，要进行仿真工作站的系统创建、机器人I/O设置、Smart组件设计和机器人程序编写等；完成以上步骤后，要进行整个工作站的仿真分析，进而实现打磨系统的仿真验证。

3.2.1 工作站方案设计

本设计是基于RobotStudio的多机器人协作打磨正方体工件仿真设计，主要内容为：首先完成整个工作站的虚拟仿真平台搭建；其次，完成多工业机器人对正方体工件的打磨的硬件系统设计和软件系统设计；最后，针对多工业机器人对正方体工件的打磨系统进行仿真调试和验证。总体方案流程图如图3-1所示。

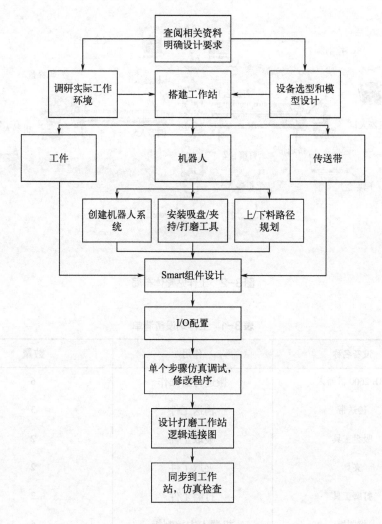

图3-1 总体方案流程图

3.2.2 工作站布局设计

本设计是一个多机器人协作打磨正方体仿真系统，主要包括机器人、传送带、码垛盘、控制器、打磨台以及安全围栏等。通过对打磨需求的分析，对打磨系统进行设计，并对打磨系统进行合理布局，力求使系统工作效率最高，稳定性和安全性最好，工作站整体布局如图3-2所示，工作站设备清单如表3-1所示。

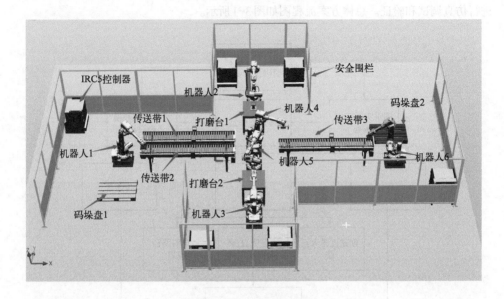

图3-2 工作站整体布局

表3-1 工作站设备清单

设备名称	作用	数量
IRB 2600 机器人	搬运打磨操作	6
传送带	输送工件	3
吸盘工具	吸取工件	2
夹具	夹取工件	2
打磨工具	打磨工件	2
控制柜	机器人主控制柜	6
示教器	控制工业机器人	6
码垛盘	工件放置	2
打磨台	工件打磨放置	2
安全围栏	隔离工作和非工作区	若干
工件	工件模型	若干

3.2.3　工件与工具坐标创建

整个设计采用六台工业机器人，每台工业机器人在进行程序设计前，都要对其工件坐标和工具坐标进行选择，其选择界面如图3-3所示。通过切换任务栏，可以选择不同的机器人系统，六台工业机器人都是采用系统自带的工件坐标系（世界坐标系）。工具坐标系是在创建机器人工具时的框架坐标。机器人工件与工具坐标的创建可以帮助机器人确定加工路径和加工力度，从而实现精确加工。

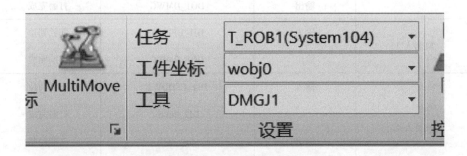

图3-3　工件与工具坐标选择界面

3.2.4　多机器人系统I/O信号创建

ABB工业机器人的I/O设置是指输入/输出（I/O）系统的配置，用于连接和控制外部设备。这些外部设备可以是传感器、执行器、工件夹持装置等。通过I/O设置，工业机器人可以与这些外部设备进行通信和控制，实现自动化生产过程中的各种功能。本系统所用到的模块说明：①输入模块（Input Module）：用于接收外部设备发送的信号，通常用于检测和监控。例如，传感器可以向输入模块发送信号，指示某个动作是否已经完成或者环境条件是否符合要求。②输出模块（Output Module）：用于向外部设备发送控制信号，通常用于控制执行器或者其他设备的动作。例如，输出模块可以向执行器发送信号，指示其执行某个动作，比如启动或停止某个设备。ABB工业机器人的I/O设置通常可以通过机器人控制器上的配置界面进行设置和调整，也可以通过相关的编程软件或者工程工具进行配置。正确的I/O设置是保障自动化生产过程安全、稳定和高效运行的重要手段之一。本设计是在仿真软件中实现对I/O端口的设置，其I/O信号分配如表3-2所示，设计中有6台工业机器人，则需要完成6台工业机器人的I/O端口配置。

表3-2　机器人工作站I/O信号分配

控制器名称	I/O 类型	信号名称	注释
机器人 1	输入	di1_qlwc1	取料完成 1
		di2_qlwc2	取料完成 2
	输出	do1_ZQ	吸取控制
机器人 2	输入	DI1_BFDW1	摆放到位
	输出	DO1_DMWC	打磨完成
机器人 3	输入	DI1_BFDW1	摆放到位
	输出	DO1_DMWC	打磨完成
机器人 4	输入	DI1_CSDDW1	工件到位
		DI2_dmwc	打磨完成
	输出	do1_ZQ1	夹取控制
		DO2_BFDW1	摆放到位
机器人 5	输入	DI1_CSDDW1	工件到位
		DI2_dmwc	打磨完成
	输出	do1_ZQ1	夹取控制
		DO2_BFDW1	摆放到位
机器人 6	输入	DI1_csddw1	工件到位

3.3　多机器人协作搬运系统软硬件系统设计

3.3.1　多机器人协作系统硬件系统设计

（1）多机器人系统工作站逻辑系统

在仿真系统设计过程中，每个设计部分都是相对独立的，并没有形成相应的连接与关联；在完成所有子系统设计后，需要进行仿真设定及工作站逻辑设定，将路径同步为 RAPID 程序，并且与 Smart 组件信号相连接，本质就是将机器人运动部分与仿真效果部分相结合，最终呈现出完整的仿真过程。

本工作站中机器人与各组件之间的逻辑连接如图3-4所示，工作站逻辑I/O信号连接如表3-3所示。其中上料传送带1、上料传送带2、成品传送带、毛坯工件复制、上料吸取1、下料吸取2、打磨搬运夹取1和打磨搬运夹取2为所设计的Smart组件，System101~System106为六个机器人系统，分别对应六个机器人。System101为机器人1，为上料机器人；毛坯工件复制是实现工件吸取离开后进行复制；System104和System102为机器人2和机器人3，为打磨机器人；System103和System105为机器人4和机器人5，为打磨搬运机器人；System106为机器人6，为下料码垛机器人。

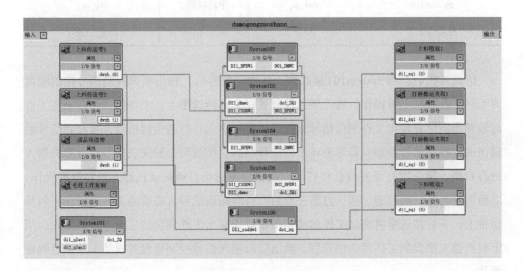

图3-4 工作站逻辑连接

表3-3 工作站逻辑I/O信号连接

源对象	源信号	目标对象	目标信号或属性
上料传送带1	dwxh	System101	di1_qlwc1
上料传送带2	dwxh	System101	di2_qlwc2
System101	do1_ZQ	上料吸取1	di1_zq1
System104	DO1_DMWC	System103	DI2_dmwc
System103	do1_ZQ1	打磨搬运夹取1	di1_zq1
System103	DO2_BFDW1	System104	DI1_BFDW1
上料传送带1	dwxh	System103	DI1_CSDDW1

源对象	源信号	目标对象	目标信号或属性
上料传送带2	dwxh	System105	DI1_CSDDW1
System102	DO1_DMWC	System105	DI2_dmwc
System105	DO2_BFDW1	System102	DI1_BFDW1
System105	do1_ZQ1	打磨搬运夹取2	di1_zq1
System106	do1_zq	下料吸取2	di1_zq1
成品传送带	dwxh	System106	DI1_csddw1

仿真开始后，当System101接收到工件到位信号后，输出吸取控制信号控制吸盘对毛坯工件执行上料操作，将毛坯工件放置在上料传送带上；上料传送带将毛坯工件运输到指定位置输出工件到位信号给打磨搬运机器人；打磨搬运机器人接收到信号后输出夹取控制信号控制夹具对毛坯工件进行摆放，摆放到位后发送信号给打磨机器人进行打磨，第一次打磨完成后将打磨完成信号发送给打磨搬运机器人进行换面操作，之后再进行第二次打磨，两次打磨完成后，打磨搬运机器人将成品工件放置在下料传送带上；下料传送带将成品工件运输到指定位置输出工件到位信号给下料机器人；当下料机器人接收到工件到位信号后，输出吸取控制信号控制吸盘对成品工件执行码垛操作。

（2）机器人选型设计

RobotStudio软件集成了各种型号ABB机器人的模型库，本设计要求通过多台工业机器人进行协同完成对正方体工件的打磨操作。工业机器人的工作对象为正方体工件，其材质是防锈金属板材，重量大约7kg。本设计通过查找工业机器人手册，结合操作对象和工作环境，最终决定全部选用具有高作业效率、高协调能力、高精准能力和高容错率等特点的IRB2600机器人。采用同样型号的6台工业机器人，方便后续进行机器人程序的设计与维护，其外观实物图如图3-5所示，机器人工作范围3D图如图3-6所示，可以看出，机器人的工作范围完全覆盖了预期所涉及的工作区域。此型号工业机器人的负载能力为12kg，工作范围除了两个打磨搬运机器人采用的尺寸为1.65m，避免打磨时机器人发生碰撞，其余机器人全部采用尺寸为1.85m，这样能较好满足设计要求。

图3-5 机器人实物图

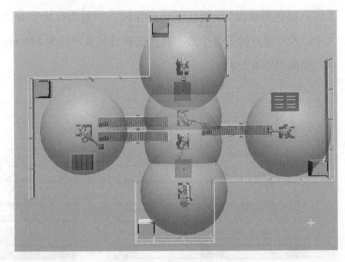

图3-6 工作范围3D图

（3）控制器选型设计

选择IRC5紧凑型工业机器人控制器，模型图如图3-7所示，该控制器是ABB第五代机器人控制器，具有优异的运动控制能力、高度灵活的RAPID语言，稳定性好，可靠性高，极大降低了设计难度。

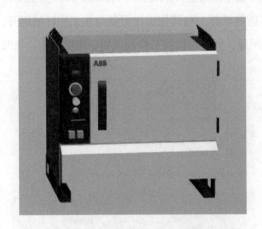

图3-7 IRC5控制器模型图

（4）码垛盘选型设计

本设计需要两个码垛盘，其中黄色码垛盘1放置在上料区，功能为存放正方体毛坯工件；棕色码垛盘2放置在下料码垛区，功能为存放正方体成品工件。根据工件尺寸大小以及所设计的工件个数，确定选择长宽高尺寸为1200mm×800mm×144mm的码垛盘，模型图如图3-8所示。

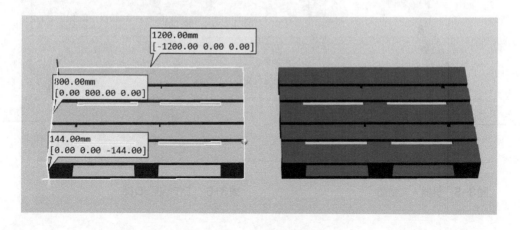

图3-8　码垛盘模型图

（5）安全围栏选型设计

本设计根据工作站整体布局选择系统自带的Fence 2500安全围栏，模型图如图3-9所示，该安全围栏刚好能将机器人和其他工作设备与非工作区域隔开，在生产过程中起到保护作用，降低事故风险，而且可以将工作场地划分得更合适，确保生产流程有序开展。

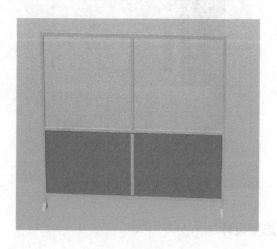

图3-9　安全围栏模型图

（6）电磁吸盘打磨台模型选型设计

本设计中打磨前面四个面时没有进行夹持固定，考虑到实际生产过程中不固定工件会导致工件在打磨过程中发生移动，因此添加了电磁吸盘打磨台模型。正方体工件在打磨时，要放置到电磁吸盘打磨台上。实际生产中，正方体工件放置在电磁吸盘打磨台上时，电磁吸盘会将正方体工件吸住固定，电磁吸盘的吸附能力主要依赖其产生的磁场，通过内部线圈通电产生磁力。通电时，电流通过线圈，会在面板表面产生磁场，从而吸附工件。断电后，磁力消失，便会松开。整个工作站加载有两个电磁吸盘打磨台模型，其模型图如图3-10所示。电磁吸盘打磨台模型是通过三维计算机辅助设计软件SolidWorks设计而成，而后通过导入几何体的形式导入到工作站中，接着进行合理的摆放布局。

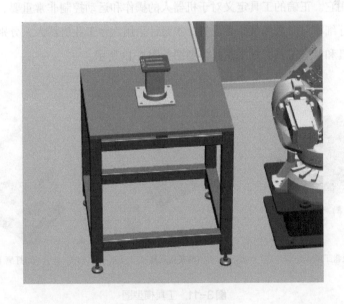

图3-10 打磨台模型图

（7）工具模型选型设计

在ABB机器人系统中，创建机器人工具（Tool）是非常重要的，因为工具的定义直接影响机器人的操作和运动。创建工具模型的步骤如下：

① 在RobotStudio软件中打开机器人项目，在项目中选择要创建工具的机器人。

② 在RobotStudio的界面中，打开"工具"选项，通过点击这个选项来访问工具相关的功能和设置，设置完选择创建一个新的工具。

③ 定义工具的名称以及相关的尺寸和参数信息；在创建工具的过程中，需要设置工具的参数，包括工具的坐标系、质量、惯性矩阵等。这些参数将直接影响机器人在操作中对工具的处理和控制；工具坐标系定义了工具相对于机器人末端执行器的位置和姿态。可以通过手动输入坐标值或者通过机器人系统中的工具校准功能来定义工具坐标系。

④ 完成工具参数和坐标系的设置后，保存工具配置。这样，在后续的机器人编程和操作中，就可以直接使用这个工具。

⑤ 在创建工具后，进行测试和验证，确保工具的参数和坐标系设置正确，以确保机器人操作的准确性和稳定性。

通过以上步骤，就在ABB机器人系统中成功创建一个新的工具，并且可以在机器人操作中使用它。正确的工具定义对于机器人的操作和运动控制非常重要，因此在创建工具时务必仔细核对参数和坐标系设置。本设计采用六台工业机器人，分别用到吸盘工具、夹具工具和打磨工具，三个工具模型图如图3-11所示。

(a)吸盘工具　　　　　　(b)夹具工具　　　　　　(c)打磨工具

图3-11　工具模型图

吸盘工具直接在RobotStudio软件建模中选择，尺寸为200mm×200mm。夹具工具和打磨工具用三维软件SolidWorks等比例绘制，保存成STEP格式文件进行导入使用。

（8）Smart组件系统设计

在RobotStudio中，Smart组件是一种可重复使用的软件模块，用于快速构建机器人控制系统。Smart组件包含机器人程序、I/O配置、变量定义等信息，可以在多个项目中重复使用，从而提高机器人系统的开发效率和可重复使用性。

本设计采用的Smart组件主要是四类，分别为毛坯工件复制Smart组件，用于实现毛坯工件出现在码垛盘上的效果；传送带Smart组件，用于实现对工件的传送，设计中总共有三条传送带，分别用于传送毛坯工件和成品工件；工件吸取Smart组件，主要是机器人1和机器人6通过吸盘工件实现对工件的吸取搬运操作；工件夹取Smart组件，主要是机器人4和机器人5实现对工件的夹取搬运效果。

① 毛坯工件复制Smart组件　毛坯工件复制Smart组件，用于实现毛坯工件出现在码垛盘上的效果。仿真启动后，码垛盘上能出现整个码垛的毛坯工件。此Smart组件是通过Simulationevents子组件触发产生一个脉冲信号，仿真启动后，通过此信号激发Source子组件产生复制体，即整个码垛盘的工件。通过子组件进行逻辑设计连接，可以实现整个动画效果，其子组件逻辑设计连接如图3-12所示，毛坯工件复制I/O信号连接如表3-4所示。

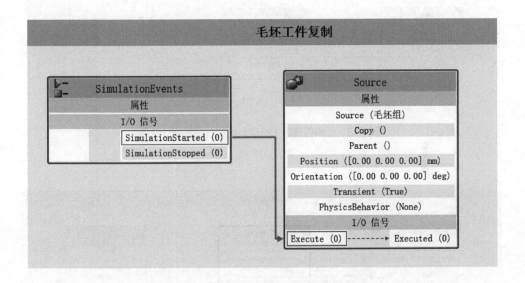

图3-12　毛坯工件复制Smart组件逻辑设计连接

表3-4　毛坯工件复制I/O信号连接

源对象	源信号	目标对象	目标信号或属性
SimulationEvents	SimulationStarted	Source	Execute

② 传送带Smart组件　用于实现对工件的传送，设计中总共有三条传送带，分别

用于传送毛坯工件和成品工件。将复制的毛坯工件导入 Queue 组件形成队列，通过 LinearMover 组件进行行队列移动，完成工件的持续运输。通过 PlaneSensor 组件控制传送带的停止。整个设计采用三个传送带 Smart 组件，通过子组件进行逻辑设计连接，可以实现整个动画效果，其子组件逻辑设计连接如图 3-13~图 3-15 所示，属性连接和 I/O 信号连接如表 3-5~表 3-10 所示。

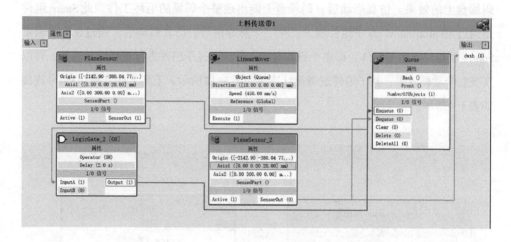

图 3-13 上料传送带 1 的 Smart 组件逻辑设计连接

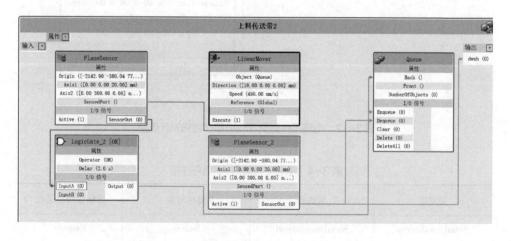

图 3-14 上料传送带 2 的 Smart 组件逻辑设计连接

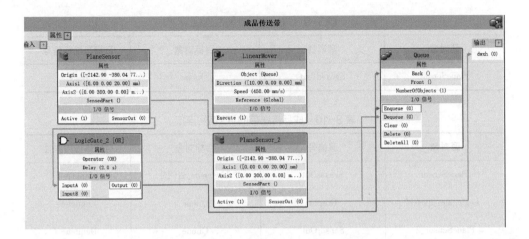

图3-15 成品传送带的Smart组件逻辑设计连接

表3-5 上料传送带1的属性连接

源对象	源属性	目标对象	目标属性或信号
PlaneSensor	SensedPart	Queue	Back

表3-6 上料传送带1的I/O信号连接

源对象	源信号	目标对象	目标信号或属性
PlaneSensor	SensorOut	Logicgate_2[OR]	InputA
Logicgate_2[OR]	Output	Queue	Enqueue
PlaneSensor_2	SensorOut	Queue	Dequeue
PlaneSensor_2	SensorOut	上料传送带1	dwxh

表3-7 上料传送带2的属性连接

源对象	源属性	目标对象	目标属性或信号
PlaneSensor	SensedPart	Queue	Back

表3-8 上料传送带2的I/O信号连接

源对象	源信号	目标对象	目标信号或属性
PlaneSensor	SensorOut	Logicgate_2[OR]	InputA
Logicgate_2[OR]	Output	Queue	Enqueue
PlaneSensor_2	SensorOut	Queue	Dequeue
PlaneSensor_2	SensorOut	上料传送带2	dwxh

表 3-9 成品传送带属性连接

源对象	源属性	目标对象	目标属性或信号
PlaneSensor	SensedPart	Queue	Back

表 3-10 成品传送带的 I/O 信号连接

源对象	源信号	目标对象	目标信号或属性
PlaneSensor	SensorOut	Logicgate_2[OR]	InputA
Logicgate_2[OR]	Output	Queue	Enqueue
PlaneSensor_2	SensorOut	Queue	Dequeue
PlaneSensor_2	SensorOut	成品传送带	dwxh

③ 工件吸取 Smart 组件　工件吸取 Smart 组件，主要是机器人 1 和机器人 6 通过吸盘工件实现对工件的吸取搬运操作。此 Smart 组件主要是通过 LineSensor、Attacher 和 Detacher 等子组件组成，其功能是当线传感器感应到工件后，通用 Attacher 子组件将工件安装到吸盘工具上，当工件到达目标位置后再通过 Detacher 子组件将工件拆除下来，执行放置操作。其中还有一个 LogicGate_[NOT] 子组件，为对信号取反，其要将低电平信号取反去激发 detacher 子组件。整个设计通过子组件进行逻辑设计连接，可以实现整个动画效果，其子组件逻辑设计连接如图 3-16、图 3-17 所示，属性连接和 I/O 信号连接如表 3-11~表 3-14 所示。

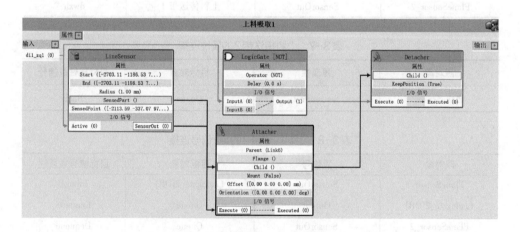

图 3-16 上料吸取 1 的 Smart 组件逻辑设计连接

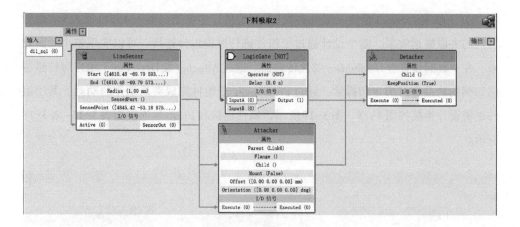

图3-17 下料吸取2的Smart组件逻辑设计连接

表3-11 上料吸取1的属性连接

源对象	源属性	目标对象	目标属性或信号
LineSensor	SensorPart	Attacher	Child
Attacher	Child	Detacher	Child

表3-12 上料吸取1的I/O信号连接

源对象	源信号	目标对象	目标信号或属性
上料吸取1	di1_zq1	LineSensor	Active
LineSensor	SensorOut	Attacher	Execute
上料吸取1	di1_zq1	LogicGate[NOT]	InputA
LogicGate[NOT]	Output	Detacher	Execute

表3-13 下料吸取2的属性连接

源对象	源属性	目标对象	目标属性或信号
LineSensor	SensorPart	Attacher	Child
Attacher	Child	Detacher	Child

表3-14 下料吸取2的I/O信号连接

源对象	源信号	目标对象	目标信号或属性
下料吸取2	di1_zq1	LineSensor	Active
LineSensor	SensorOut	Attacher	Execute
下料吸取2	di1_zq1	LogicGate[NOT]	InputA
LogicGate[NOT]	Output	Detacher	Execute

④ 工件夹取Smart组件 工件夹取Smart组件，主要是机器人4和机器人5实现对工件的夹取搬运效果。整个设计通过子组件进行逻辑设计连接，可以实现整个动画效果。在夹具间设置有LineSensor线性传感器。通过Attacher及Detacher子组件对传感器感知到的物品进行绑定和拆除，通过Posemover子组件完成夹爪动作的动画。其子组件逻辑设计连接如图3-18、图3-19所示，属性连接和I/O信号连接如表3-15~表3-18所示。

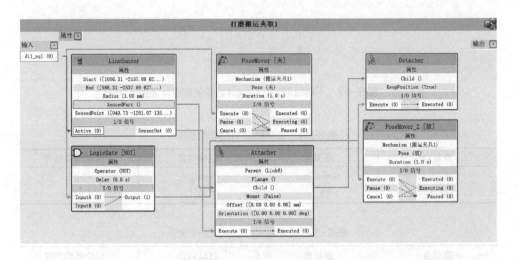

图3-18 打磨搬运夹取1的Smart组件逻辑设计连接

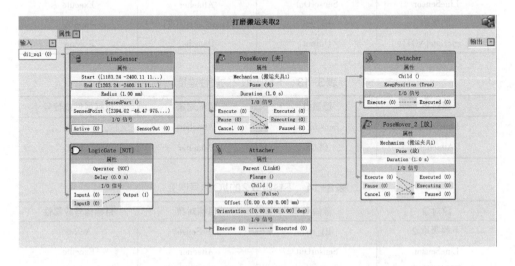

图3-19 打磨搬运夹取2的Smart组件逻辑设计连接

表3-15 打磨搬运夹取1的属性连接

源对象	源属性	目标对象	目标属性或信号
LineSensor	SensorPart	Attacher	Child
Attacher	Child	Detacher	Child

表3-16 打磨搬运夹取1的I/O信号连接

源对象	源信号	目标对象	目标信号或属性
打磨搬运夹取 1	di1_zq1	LineSensor	Active
LineSensor	SensorOut	Attacher	Execute
打磨搬运夹取 1	di1_zq1	PoseMover[夹]	Execute
LogicGate[NOT]	Output	PoseMover_2[放]	Execute

表3-17 打磨搬运夹取2的属性连接

源对象	源属性	目标对象	目标属性或信号
LineSensor	SensorPart	Attacher	Child
Attacher	Child	Detacher	Child

表3-18 打磨搬运夹取2的I/O信号连接

源对象	源信号	目标对象	目标信号或属性
打磨搬运夹取 2	di1_zq1	LineSensor	Active
LineSensor	SensorOut	Attacher	Execute
LogicGate[NOT]	Output	Detacher	Execute
打磨搬运夹取 2	di1_zq1	PoseMover[夹]	Execute
LogicGate[NOT]	Output	PoseMover_2[放]	Execute

3.3.2 多机器人协作系统软件系统设计

（1）机器人系统路径规划设计

机器人路径规划是指在机器人执行任务时，确定机器人的运动轨迹，以实现机器人的精确控制和高效运动。路径规划的目标是使机器人在执行任务时，避免碰撞、节约时间和能源，同时保证精度和速度。路径规划的分析通常包括以下方面。

首先，机器人工作空间是机器人能够到达的空间范围。在路径规划分析时，需要对机器人的工作空间进行分析，以确定机器人能够到达的位置和方向。

其次，机器人在执行任务时需要避免碰撞，因此需要对机器人周围的环境进行检测，以确定机器人的运动轨迹和路径。

然后，机器人在执行任务时需要确定运动轨迹和路径。

最后，对机器人的运动轨迹和路径进行优化，以提高机器人的运动效率和精度。

路径规划的分析可以帮助机器人系统的开发人员确定机器人的运动轨迹和路径，以实现机器人的精确控制和高效运动。同时，路径规划的分析需要考虑机器人系统的特定需求和应用场景，也需要考虑程序的可读性和可维护性，从而实现更加高效和可靠的机器人控制系统。路径规划完成后需对路径进一步优化，主要围绕减少机器人的运动时间、减少机器人的能耗、优化运动轨迹等方面进行。

本设计中总共采用了六台工业机器人，机器人路径规划如图3-20~图3-23所示，

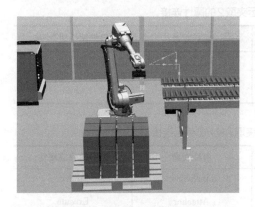

图3-20　机器人1路径规划图

图3-21　机器人2、4路径规划图

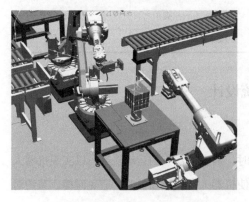

图3-22　机器人3、5路径规划图

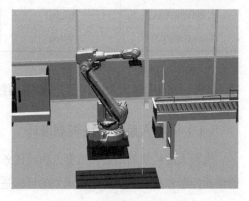

图3-23　机器人6路径规划图

分别为机器人1将未打磨工件搬运至传送带1和传送带2上；机器人2和机器人3实现对工件的打磨操作；机器人4和机器人5实现将未打磨的工件从传送带搬运至打磨台，以及将打磨完成的工件从打磨台搬运至传送带3；机器人6实现将打磨完成的工件从传送带3上搬运至码垛盘2进行码垛操作。

（2）控制程序设计

本设计采用六台工业机器人进行协同作业，实现对正方体工件的打磨操作，ABB工业机器人编程指令用于编写ABB机器人控制程序的命令和语句，可以实现机器人的运动控制和数据处理等功能。以下是ABB工业机器人常用的编程指令。

Move：用于控制机器人的运动，包括直线运动和旋转运动。

Wait：用于等待机器人到达指定位置或完成指定任务。

IF、THEN、ELSE：用于实现条件判断，根据条件的不同执行不同的操作。

WHILE、DO：用于实现循环控制，重复执行指定的操作。

Set、Get：用于设置和获取机器人的变量值，包括位置、速度、加速度等参数。

Signal、Wait For Signal：用于控制机器人的I/O信号，包括输入和输出信号。

Call、Return：用于实现子程序的调用和返回。

Message、Popup：用于向操作员发送消息和弹出提示框。

Tpwrite、Tpread：用于机器人控制器和外部设备之间传输数据。

不同的指令可以实现不同的功能，可以根据需要选择合适的指令来编写机器人程序。下面分别给出上料机器人、打磨搬运机器人、打磨机器人、下料机器人的部分关键程序。

（3）上料机器人

机器人1是实现对毛坯工件的上料搬运任务，主要实现对工件的吸取和搬运放置，其关键子程序如下。

```
PROC QLCX1()//工件吸取子程序
        Reset do1_ZQ；//复位吸取信号
        MoveJ
RelTool(Target_20,reg1*220,-reg2*220,reg3*203),v1000,z100,tVacuum\WObj:=wobj0;
        MoveL
RelTool(Target_10,reg1*220,-reg2*220,reg3*203),v500,z0,tVacuum\WObj:=wobj0；//吸取点
        WaitTime 1；//延时1s
```

```
                Set do1_ZQ；//吸取

                WaitTime 1；//延时 1s

                MoveL
RelTool(Target_20,reg1*220,-reg2*220,reg3*203),v1000,z100,tVacuum\WObj:=wobj0；//偏移

                reg1:=reg1+1；//变量 1 自加 1

                IF reg1=4 THEN//等于 4

                reg1:=0；//清零

                reg2:=reg2+1；//变量 2 自加 1

                IF reg2=3 THEN

                reg2:=0；//清零

                 eg3:=reg3+1；//变量 3 自加 1

                IF reg3=3 THEN

                MoveJ Target_20_2_3,v1000,z100,tVacuum\WObj:=wobj0；

                Stop；

                ENDIF

                ENDPROC

        PROC FCSD1()//放传送带子程序 1

                MoveJ Target_20_2_3,v1000,z100,tVacuum\WObj:=wobj0；

                WaitTime 1；//延时 1s

                WaitDI di1_qlwc1,0；//等待取料完成

                MoveJ Target_20_2,v1000,z100,tVacuum\WObj:=wobj0；

                MoveL Target_10_2,v500,z0,tVacuum\WObj:=wobj0；//放置点

                WaitTime 1；//延时 1s

                Reset do1_ZQ；//放置

                WaitTime 1；//延时 1s

                MoveL Target_20_2,v1000,z100,tVacuum\WObj:=wobj0；

        ENDPROC
```

（4）打磨搬运机器人

机器人 4 和机器人 5 是实现将毛坯工件搬运至打磨台，以及从打磨台搬运至传送带2，两台工业机器人的操作一样，此处只介绍其中一台机器人的关键子程序。

```
PROC csdql1()//传送带1取料子程序
        MoveJ Target_20_2,v1000,z100,GJ1\WObj:=wobj0；
        WaitTime 1；//延时1s
        WaitDI DI1_CSDDW1,1；//等待工件到位
        MoveJ Target_20,v1000,z100,GJ1\WObj:=wobj0；
        MoveL Target_10,v500,z0,GJ1\WObj:=wobj0；//夹取点
        WaitTime 1；//延时1s
        Set do1_ZQ1；//夹取
        WaitTime 1；//延时1s
        MoveL Target_20,v1000,z100,GJ1\WObj:=wobj0；
        MoveL Target_20_2,v1000,z100,GJ1\WObj:=wobj0；
    ENDPROC
PROC FCPCSD2()//传送带2放料子程序
        MoveJ Target_20_2_4,v1000,z100,GJ1\WObj:=wobj0；
        MoveJ Target_20_3,v1000,z100,GJ1\WObj:=wobj0；
        MoveJ Target_10_2,v500,z0,GJ1\WObj:=wobj0；//仿真点
        WaitTime 1；//延时1s
        Reset do1_ZQ1；//放料
        WaitTime 1；//延时1s
        MoveL Target_20_3,v1000,z100,GJ1\WObj:=wobj0；
        MoveL Target_20_2_4_2,v1000,z100,GJ1\WObj:=wobj0；
    ENDPRO
```

（5）打磨机器人

机器人2和机器人3是实现对毛坯工件的打磨操作，两台工业机器人的操作一样，此处只介绍其中一台机器人的打磨路径关键子程序。

```
PROC DMCX2()//位置2打磨子程序
        MoveJ Target_350_2_2,v500,z20,DMGJ1\WObj:=wobj0；//打磨点
        MoveJ Target_350_2,v500,z20,DMGJ1\WObj:=wobj0；
        MoveL Target_350_3,v200,z20,DMGJ1\WObj:=wobj0；
        MoveL Target_360_2,v200,z20,DMGJ1\WObj:=wobj0；
```

```
        MoveL Target_370_2,v200,z20,DMGJ1\WObj:=wobj0；
......
        MoveL Target_470,v200,z20,DMGJ1\WObj:=wobj0；
        MoveL Target_480,v200,z20,DMGJ1\WObj:=wobj0；
        MoveL Target_490,v200,z20,DMGJ1\WObj:=wobj0；
        MoveL Target_500,v200,z20,DMGJ1\WObj:=wobj0；
        MoveL Target_500_2,v500,z20,DMGJ1\WObj:=wobj0； //打磨点
ENDPROC
```

（6）下料机器人

机器人6是实现将成品工件从成品传送带吸取搬运至码垛盘上并进行码垛放置操作，过程中要调用工件吸取子程序和码垛放置子程序，如下所示。

```
PROC CSDZQ1()//传送带吸取子程序
        MoveJ Target_20,v1000,z100,tVacuum\WObj:=wobj0；
        WaitTime 1； //延时1s
        WaitDI DI1_csddw1,1； //等待工件到位
        MoveL Target_10,v500,z0,tVacuum\WObj:=wobj0； //吸取点
        WaitTime 1； //延时1s
        Set do1_zq； //吸取
        WaitTime 1； //延时1s
        MoveL Target_20,v1000,z100,tVacuum\WObj:=wobj0；
    ENDPROC
    PROC MDCX2()//码垛放置子程序
        MoveJ
RelTool(Target_20_4,reg1*220,reg2*220,0),v1000,z100,tVacuum\WObj:=wobj0；
        MoveL
RelTool(Target_10_3,reg1*220,reg2*220,−reg3*203),v500,z0,tVacuum\WObj:=wobj0； //码垛点
        WaitTime 1； //延时1s
        Reset do1_zq； //码垛放置
        WaitTime 1； //延时1s
        MoveL
```

```
RelTool(Target_20_4,reg1*220,reg2*220,0),v1000,z100,tVacuum\WObj:=wobj0；//位置偏移
        reg1:=reg1+1；//变量1自加1
        IF reg1=4 THEN
            reg1:=0；//变量1清零
            reg2:=reg2+1；//变量2自加1
            IF reg2=3 THEN
                reg2:=0；//变量2清零
                reg3:=reg3+1；//变量3自加1
        ENDIF
ENDPROC
```

3.4 仿真实验与分析

在多工业机器人协作打磨系统中，机器人如何精准地进行工件的打磨、搬运和分拣码垛，顺利完成多个工业机器人协作打磨任务，机器人打磨路径的规划和机器人之间协作约束关系的确定是必要条件。首先，主要是通过对打磨工件系统稳定性、快速性、准确性和效率等方面进行分析，生成机器人打磨工件最优路径。其次，根据分拣工艺的要求，确定多个机器人之间的协作约束关系。最后，利用搭建的仿真平台，验证离线规划的运输轨迹和机器人之间协作约束关系的可行性和有效性，为实际场景多个工业机器人协调运动控制奠定基础。

3.4.1 仿真调试

程序编写完成后，需要进行仿真调试。首先，要对每个子程序进行调试，如图3-24所示，鼠标右键点击所设置的路径子程序名称，选择沿着路径运动，就可以观察这个子程序的功能是否可实现，如果与预期效果不符，则进行相应的调整。

每个子程序调试成功后，将main主程序设置为仿真程序的进入点，鼠标右击main的名字，在弹出的界面中选择"设置为仿真进入点"，接着将所有的程序同步到RAPID中。右击鼠标机器人系统名称，选择"同步到RAPID"，其弹出的界面如图3-25所示，选中所有的选项，将整个机器人的程序数据、工作坐标、工具数据和路径及目标全部同步。

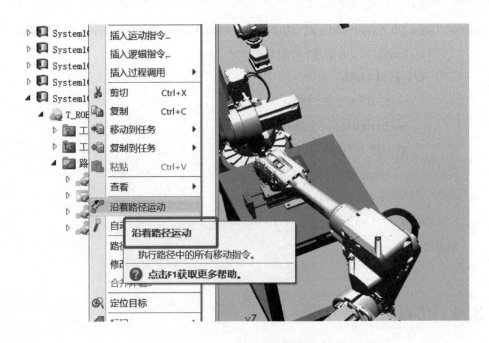

图3-24 子程序调试设置图

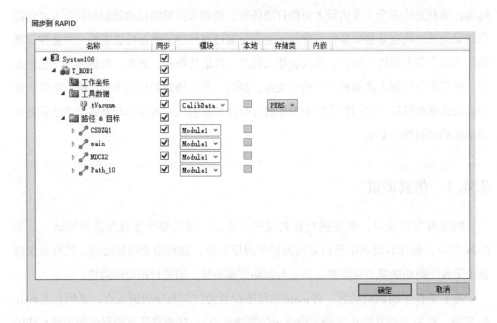

图3-25 同步到RAPID效果图

根据设计要求，确定的多机器人协作打磨正方体工件系统设计仿真逻辑图如图

3-26所示，根据预期结果，仿真开始时所有机器人初始化，从上料机器人开始上料，上料完成信号发出后，上料传送带启动，将工件运输到设定位置，上料传送带停止；打磨搬运机器人接收到工件到达信号后，开始夹取工件摆放到位，摆放到位后打磨搬运机器人运动到安全位置，发送信号给打磨机器人；打磨机器人开始打磨，当打磨完成信号发出后，对工件进行换面处理，之后进行第二次打磨；第二次打磨完成后，打磨搬运机器人进行下料处理，将工件放置在下料传送带上，下料传送带接收到信号，开始运输工件到达指定位置，下料传送带停止；下料机器人接收到信号后开始码垛操作，直至所有工件全部码垛完成，仿真结束。

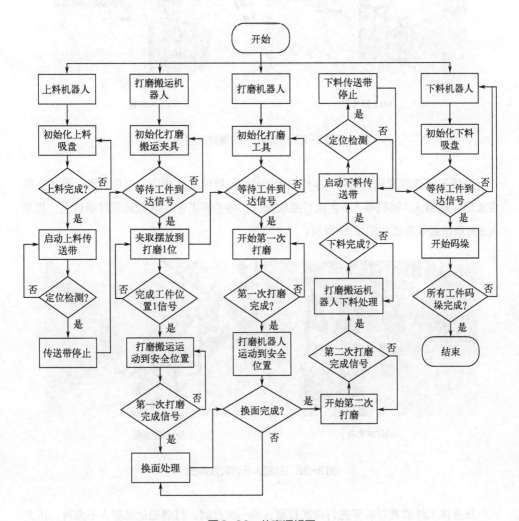

图3-26　仿真逻辑图

3.4.2 仿真验证

仿真启动后，六台工业机器人全部移动到安全点进行等待，码垛盘1上出现整码垛盘的工件；机器人1则启动执行对毛坯工件的吸取操作，吸取成功后，将工件移动放置到传送带上，此仿真效果图如图3-27所示。

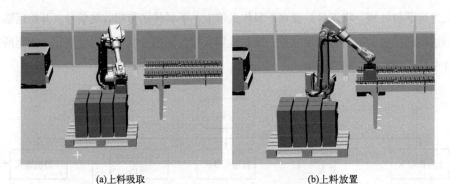

(a)上料吸取　　　　　　　　　　　　(b)上料放置

图3-27 机器人1仿真效果图

毛坯工件被放置到传送带1和传送带2上后，被传送到相应的夹取位置，到达夹取位置后，机器人4和机器人5会执行夹取操作，将毛坯工件夹取搬运至打磨台上，机器人5夹取仿真效果图如图3-28所示。

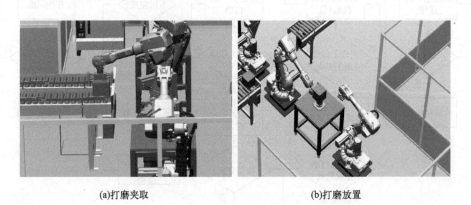

(a)打磨夹取　　　　　　　　　　　　(b)打磨放置

图3-28 机器人5仿真效果图

正方体工件放置好后要进行两次打磨，第一次打磨，打磨搬运机器人不夹持，正方体工件放置在电磁吸盘打磨台上，电磁吸盘将正方体工件吸住固定，打磨机器人先打磨正方体工件的三个侧面和一个顶面，如图3-29所示；第一次打磨完成后，打磨搬运机器人进行换面操作，并在第二次打磨时夹持不放，便于打磨完成后直接搬运至下料传送带3上，之后再对剩余两个面进行打磨，如图3-30所示。

(a)打磨第一个侧面

(b)打磨第二个侧面

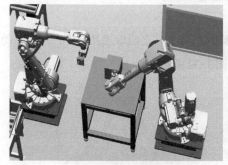
(c)打磨第三个侧面

(d)打磨顶面

图3-29　第一次打磨仿真效果图

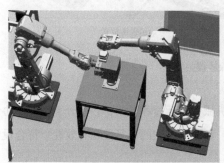
(a)打磨倒数第二个面

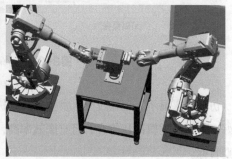
(b)打磨最后一个面

图3-30　第二次打磨仿真效果图

正方体工件打磨完成后，搬运机器人即机器人4和机器人5会将成品工件从打磨台上搬运下来，接着将成品工件放置到成品传送带上，仿真效果图如图3-31所示。

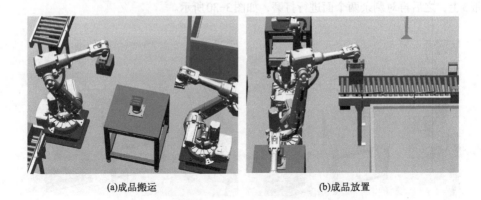

(a)成品搬运　　　　　　　　　　　　(b)成品放置

图3-31　成品放置效果图

成品工件被传送到末端后，机器人6即码垛机器人，会吸取成品工件，将其移动放置到码垛盘上执行码垛操作，仿真效果图如图3-32所示。

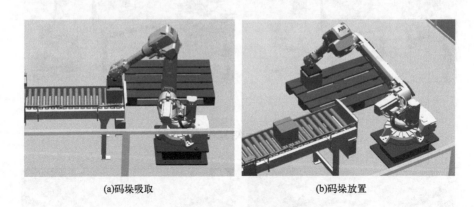

(a)码垛吸取　　　　　　　　　　　　(b)码垛放置

图3-32　码垛放置效果图

仿真结果显示，运输过程未发生碰撞，机械臂搬运过程顺畅，各部分工作环节协调良好，与仿真逻辑图相符合，且打磨效率高，证明了方案的可行性和有效性，符合设计预期目标。

3.5 本章小结

通过对国内外多机器人协作加工打磨研究背景的调查和现状的分析，总的来说，国内外在多机器人打磨研究方面已经取得了一些进展和成果，但仍存在多机器人之间的协同控制、路径规划和加工力度的控制等问题，需要进一步研究和解决。

本设计采用虚拟仿真软件RobotStudio，完成多工业机器人对正方体工件进行打磨和码垛的仿真系统设计，进一步完成了整个工作站的虚拟仿真搭建、工作站所需要机器人的选型、加工工件、搬运工具、夹取工具、打磨工具、打磨台以及对所需要的外围设备模型进行硬件系统设计。还完成了系统所需的Smart组件、路径规划设计和机器人控制程序软件系统设计。最后，进行整个工作站的虚拟仿真调试与验证，实现了对正方体工件的上料、打磨搬运、打磨和下料操作。从仿真结果可知，多工业机器人对正方体工件的打磨的整个过程实现了无人化操作，提高了打磨效率、安全性及智能化水平，为实际的工作站搭建提供了有利参考。

第 4 章　多机器人协作喷涂正方体工件仿真系统设计

传统的喷涂工艺需要大量的人工操作，费时费力，效率低，而且容易出现误操作和安全问题，危害人体健康。工业机器人在喷涂工艺中的应用可以减少人工操作，提高生产效率和安全性。本设计采用虚拟仿真软件RobotStudio实现多工业机器人对正方体工件的喷涂工艺过程。首先，完成整个工作站的虚拟仿真平台搭建；其次，完成多工业机器人对正方体工件喷涂的硬件系统设计和软件系统设计；最后，针对多工业机器人对正方体工件的喷涂系统进行仿真验证，实现对正方体工件的喷涂功能。通过仿真验证所设计的多工业机器人协作对正方体工件喷涂系统的可行性和有效性。多工业机器人对正方体工件的喷涂的整个过程实现了无人化操作，提高了打磨效率、安全性及智能化水平，进而提高了企业的经济效益，极具推广价值。

4.1　技术背景

4.1.1　国内相关技术进展

　　随着科技的进步，机器人喷涂技术在汽车涂装中得到广泛应用，极大地提升了汽车涂装的效率和自动化程度，推动了汽车行业的发展。胡松、刘建雨、柯美元通过对5G通信数据传输技术、智能生产线的模块化设计、智能喷涂工艺参数库的建立、智能生产线喷涂过程实时感知系统等技术的研发，将人工智能、数据实时感知、云存储、智能喷涂、喷涂工艺参数控制、喷涂环保特性、底漆和面漆工序的控制模型等关键共性技术引入传统建材家具喷涂生产线中，进行相关应用工艺的探索。针对产品喷涂制造过程的高效率和低延迟，以及小批量、多品种的特性，研发了一款具有高智能、低能耗、高可靠性、集成化、标准化、模块化、数字化、柔性化的机器人智能喷涂生产线。

　　万燕英、莫玉梅、郭清达提出了一种采用示教杆的工业机器人喷涂轨迹生成方法。该方法设计了1∶1复制工业机器人D-H模型参数的示教杆，并建立基于B样条曲面算法的喷涂轨迹路径点及姿态生成模型。在方法测试中，介绍了喷涂轨迹生成的实验流程，以汽车翼子板和车门为例，采用示教杆进行表面轮廓点获取与路径位姿生成仿真，最后在协作机器人中进行在机运行测试。

　　梁杰、唐凯、高景秋等提出一种冗余轴工业机器人系统基于改进粒子群算法的大部件喷涂轨迹优化方法。采用改进D-H参数法建立冗余轴工业机器人喷涂模型，通过闭环伪逆法进行机器人逆解计算；根据机器人喷枪末端位置对机器人外部轴位置进行线性插值，提出一种基于线性插值的粒子群初始化方法，提高算法效率；采用非线性权值递减策略以提高局部寻优能力；提出一种改进的位置更新方式规避无可达解的情况；通过对典型轨迹的优化，工业机器人关节最大速度降低了47%，验证了方法的可行性和有效性，为大部件的喷涂轨迹规划提供了方案。

宁显章针对机器人喷涂技术，采用PLC技术提升控制效果。通过对其优势的深入分析，以及对可能存在问题的清晰阐述，得出了应用PLC技术于喷涂控制的具体实施方案。由于机器人喷涂工艺复杂，关于多机器人协作喷涂是一个值得研究的问题。

4.1.2 多机器人协作喷涂技术

随着机器人技术日新月异，多机器人协同作业已然成为当前机器人行业的热点话题。这种方式将众多复杂、无序、高风险的任务交由机器人完成，不仅节省了人力投入，还极大提升了工作效率。然而，单一机器人在信息收集及任务处理方面仍有局限性，尤其在复杂环境中面临较大挑战，难以应对艰巨繁重的工作任务。相比之下，多机器人具备并行处理能力与高容错特性，对于机器人应用可谓如虎添翼。特别是机器人喷涂技术在汽车制造产业中的广泛应用确实为生产线带来了很多好处。首先，机器人喷涂技术能够提高喷涂的精度和一致性，确保每一辆汽车的喷涂质量都能达到一定标准，从而提升了整体生产质量。其次，机器人的精准控制和自动化能力可以减少人为因素对喷涂质量的影响，降低了缺陷率，提高了生产效率。此外，机器人还能够根据预先设定的参数进行喷涂，保证了喷涂厚度、均匀度及色泽度等方面的一致性，从而提高了生产的稳定性和可控性。通过不断优化和改进喷涂参数，还可以进一步提高喷涂质量和效果，使得汽车外观更加精致，提升了产品的竞争力。将多机器人协作融入机器人喷涂工艺中，实现高效作业，如图4-1为机器人协作喷涂汽车外壳的应用，图4-2为机器人协作搬运快递的应用，大大提高企业喷涂效率和自动化水平，进而提高了企业的经济效益。本章正是基于企业现实需求出发，研究多机器人协作的喷涂环节，并通过工业机器人进行虚拟仿真，以得到符合企业要求的最优方案。

图4-1 机器人协作喷涂应用　　　　　　　　　图4-2 机器人协作搬运应用

4.2　多机器人协作喷涂系统整体方案设计

本设计采用软件RobotStudio实现多机器人协作喷涂正方体工件的虚拟仿真系统进行。首先，设计中要实现机器人喷涂工件表面；然后，由搬运机器人将其翻转90°，放置在另一条流水线上，第二次喷涂工件底面；最后，由机器人进行码垛操作。

设计中要完成整个工作站的虚拟仿真搭建、加载工业机器人模型、工件模型、工具模型等，经过合理布局，实现真实场景的模拟再现；工作站搭建完成后，要进行仿真工作站的系统创建、机器人I/O设置、Smart组件设计和机器人控制程序编写等；在工作站搭建完成和软件设计完成后，要进行整个工作站的仿真调试，进而实现整个设计的仿真效果。

4.2.1　工作站方案设计

ABB机器人公司研发的RobotStudio软件具有强大的离线编程和三维模拟操作功能，适用于各种ABB机器人产品。该软件在工业机器人应用设计中起着关键作用，兼容多种主流CAD格式，可实现自动化路径规划、精确展开能力分析、高效执行碰撞检测及实时在线作业。这些功能为工程师提供了一个高效便捷的设计平台，使得工业机器人的应用设计更加精准可靠。

运用UG及SolidWorks等三维软件构建包含工作环境、工作台以及生产流水线的虚拟场景。通过该方法，能够创建工作台、传输链、防护墙以及存储物件的三维模型，兼容性强，有些简单的模型也可以直接在RobotStudio中进行建模，仅需依照实际需求在软件中调整三维模型的位置便可完成虚拟场景的创建。产品源头（工件）、吸盘、工业机器人、传输链、存储物件的立体模型、防护墙、机器人控制柜、传感器以及机器人控制系统共同构成了工业机器人的喷涂系统。

整体方案流程图如图4-3所示。首先，采用RobotStudio的建模功能对栈板、夹爪、工件进行建模，从模型库中导入控制柜、安全围栏、输送链等模型，并选择适合的工业机器人构建工作站；其次，添加输送链组件、喷涂工件组件、搬运工件组件、吸盘组件、码垛组件等Smart组件，并完成I/O信号的连接；最后，建立路径与目标点，编写控制程序，完成仿真调试与验证，并不断优化达到最终预期目标。

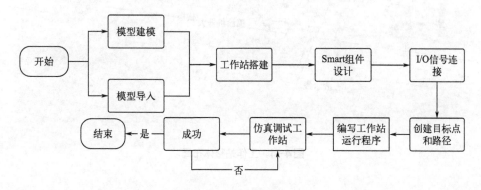

图4-3 整体方案流程图

4.2.2 工作站整体布局设计

多机器人协作喷涂对象是正方体工件，工件拥有多个不同喷涂表面，对工业机器人的点位参数、关节范围、喷涂参数等工艺要求不同。因此存在工作空间尺寸小、喷涂轨迹复杂、对机器人喷涂位姿有限制等特点，导致难以进行自动化加工。为提高其自动化加工程度以及工作效率，设计一种多工业机器人协作喷涂的方案，以提高工件喷涂的自动化程度和效率。

为了达到喷涂最优化，采用L形布局。在RobotStudio软件中添加两台IRB2600机器人，点击"导入模型库"按钮，从"设备"中导入Mytool，将其安装到机器人法兰盘上，创建一个"正方体工件"作为喷涂的对象。布局时，将两个喷涂机器人与待喷涂正方体之间的位置合理布置，以待喷涂正方体在机器人工作区域的中间为佳，移动并确认两个机器人可以顺利到达整个喷涂正方体外表面；随即在拐角处添加一台IRB2600机器人进行码垛搬运；再添加第三台喷涂机器人进行工件底面喷涂；添加一台码垛机器人进行码垛；最后添加三台人机交互操作台，便于实时监测工作情况。工作站整体布局如图4-4所示。

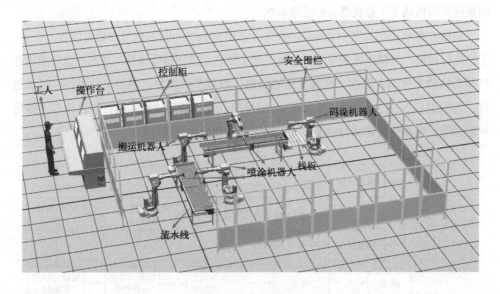

图4-4 工作站整体布局

4.2.3 工作站作业流程

本工作站主要作业流程如图4-5所示，首先，工件进入第一条输送链并到达待喷涂点，机器人完成工件表面的喷涂；当喷涂完毕工件到达待搬运点，由机器人完成工件的90°翻转并将其放置在第二条输送链上，紧接着，工件来到第二个待喷涂点，机器人完成工件底面的喷涂；最后通过第二条输送链将工件输送到待码垛点位置，工业机器人完成设定码垛数量随即结束工作；第一个循环结束后进入下一个循环，直到设定的循环数值。

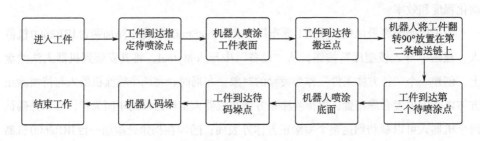

图4-5 工作站作业流程

4.2.4 多机器人系统创建

打开RobotStudio软件，在"文件"选项卡中选择"新建"选项，接着在"工作站"选项下双击"空工作站（创建空工作站）"，此时软件会进入一个新建的空白工作站界面，点击"ABB模型库"，在下拉菜单中选择五台IRB 2600型号机器人；添加完五台工业机器人，接着添加工具，点击基本→导入模型库→设备→工具→Mytool；接着添加工件，点击基本→导入模型库→设备→Training Objects→Curve Thing；接着创建机器人系统，点击基本→机器人系统从布局创建系统；接着命名多机器人系统名字和选择存储路径，如图4-6所示，并选择与电脑相兼容的软件版本；点击下一个，如图4-7所示，点击选项，选择相应编程界面和工业网络并点确定，如图4-8和图4-9所示；点击完成，系统创建完成。系统创建完成后，最重要的一步就是保存文件，为保证文件数据的完整性，需严格按照以下两个步骤执行：点击保存按钮，选择保存路径和定义文件名（路径和文件名中不能出现中文和特殊字符）；点击保存之后，需要打开文件，点击共享，再点击打包，最后命名打包文件名完成，如图4-10所示。整个多机器人系统创建过程适用于其它章节的多机器人系统创建。

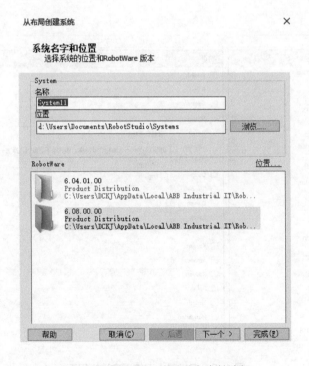

图4-6　多机器人系统名字与存储路径

图4-7 系统选项界面

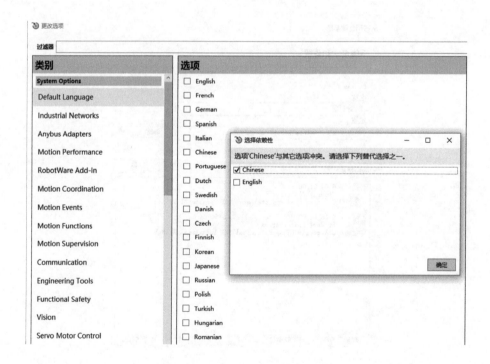

图4-8 多机器人系统语言选择界面

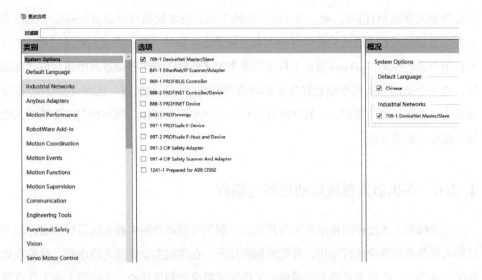

图4-9 多机器人系统工业网络选择界面

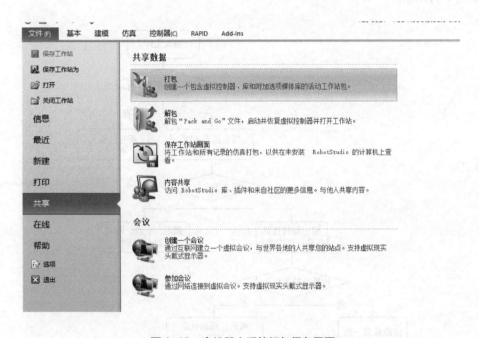

图4-10 多机器人系统打包保存界面

4.2.5 多机器人系统喷涂目标点与路径创建

完成工业机器人喷涂工作站布局后，进一步调整多机器人系统，需配置I/O板卡及工业机器人系统I/O信号，确立Mytool为喷涂工具；设定初始目标点pHome位于工件左上方，且应与机器人运动到此处时的工具坐标系方向保持一致；考虑到喷涂过程中TCP需留出合适的距离，pHome需在工件坐标系下沿Z轴向正方向移动适当距离；创建空路径，选择合适的运动指令设置好速度和转弯半径并规划运动轨迹，选择MoveAbsJ指令后点击"示教指令"按钮，示教好所有目标点，同步到RAPID，从而控制工业机器人喷涂、搬运、码垛功能。

4.2.6　多机器人系统运动控制与编程

工业机器人通过控制程序来控制其运动，利用传感器检测机器人的运行状态，使多机器人按照最优路径执行动作，并完成相应任务。在编制工业机器人程序前，首先规划最优运动路径，确保多机器人按照规定工序完成喷涂的相应任务，多机器人的工作流程如图4-11所示。

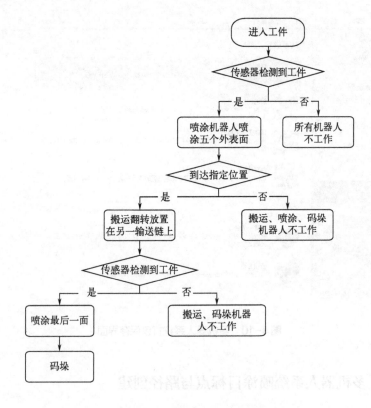

图4-11　多机器人工作流程

4.3　多机器人协作喷涂系统软硬件系统设计

4.3.1　多机器人喷涂系统硬件系统设计

（1）多机器人系统工作站逻辑系统

在仿真系统设计过程中，每个设计部分都是相对独立的，并没有形成相应的连接与关联；在完成所有子系统设计后，需要进行仿真设定及工作站逻辑设定，将路径同步为RAPID程序，并且与Smart组件信号相连接，可完成机器人工作站的逻辑信号配置，使其能够顺利运作。本质就是将机器人运动部分与仿真效果部分相结合，最终呈现出完整的仿真过程。

输送链上产生一个工件，就会发出一个Dw信号，System42和System43分别是喷涂机器人1和喷涂机器人2，喷涂前五个面结束后输出Do_pqok信号；随即输送链获取信号输出工件到位Dw2信号后System47搬运机器人接收信号开始搬运；搬运结束发出Di_dw信号激活System49喷涂机器人3，随即第二次喷涂组件接收信号进行第二次喷涂底面；喷涂结束后工件被运输到指定位置触发传感器发出信号Di_dw，激活System41码垛机器人进行码垛；整个工作站逻辑连接图如图4-12所示，I/O信号连接如表4-1所示。

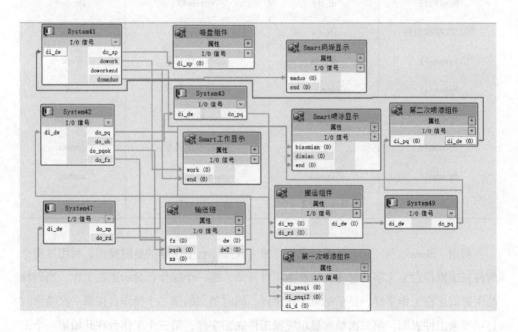

图4-12　工作站逻辑连接图

表4-1 I/O信号连接

源对象	源信号	目标对象	目标信号或属性
System42	do_pq	第一次喷涂组件	di_penqi
System43	do_pq	第一次喷涂组件	di_penqi2
System42	do_ok	System43	di_dw
System41	Do_xp	吸盘组件	di_xp
输送链	Dw	System42	Di_dw
System42	Do_pqok	输送链	Pqok
System42	Do_fz	输送链	fz
输送链	Dw2	System47	Di_dw
System47	Do_xp	搬运组件	di_xp
System47	Do_rd	搬运组件	di_rd
System49	Do_pq	第二次喷涂组件	di_pq
搬运组件	di_dw	System49	Di_dw
第二次喷漆组件	Di_dw	System41	Di_dw
System41	dowork	smart 工作显示	Work
System41	doworkend	smart 工作显示	end
System42	Do_pq	smart 喷涂显示	biaomian
System49	Do_pq	smart 喷涂显示	dimian
System41	domaduo	smart 码垛显示	maduo
System41	doworkend	smart 码垛显示	end

利用"Show"与"Hide"子对象组件来实现操作台上字样的显隐操控。利用这两个组件完成操作台上文字的呈现，从产生工件开始，第一个操作台显示正在工作，当码垛结束隐藏正在工作字样，显示结束工作字样。同时类似的第二个操作台在第一次喷涂时显示喷涂工件表面，第二次喷涂显示喷涂工件底面字样，第三个工作台在开始第一个工件码垛时显示正在码垛字样，完成一个周期码垛后显示结束码垛字样。

（2）机器人选型设计

本设计选用IRB2600机器人，作为ABB系列中型机器人的一员，其特点是结构紧凑，具备5m的*X*轴移动范围及20kg的最大负荷能力。优势在于与目标设备的近距离操作能力，有效减少工作站所需的空间。图4-13和图4-14分别是IRB2600机器人及其工作范围示意图，表4-2是机器人的规格及参数。此款机器人具有较好的运动操控及定位能力，能够在高速度与精准定位之间迅速转换优势，具有较大的负重能力，是物料搬运、打磨、喷涂及码垛等领域的首选。图4-15是IRB2600机器人的尺寸参数。IRB2600还制定一系列防护措施，既可以快速完成喷涂、搬运、码垛任务，又可以保持高精度，确保生产过程的稳定性和准确性。

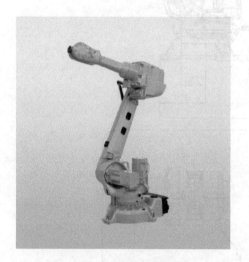

图4-13 IRB2600机器人

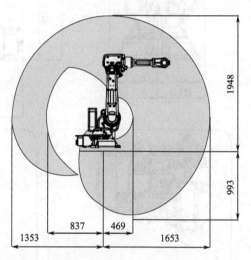

图4-14 机器人工作范围

表4-2 机器人规格及参数

机器人版本（IRB）	工作范围/m	负载能力/kg	手臂负载/N·m	
			轴4和轴5	轴6
IRB2600-20/5	5	20	3	1
轴数	6轴+3外轴（配备MultiMove功能最多可达36轴）			
防护	标配IP67；可选配铸造专家II代			
安装方式	落地、悬挂、支架、斜置、倒装			

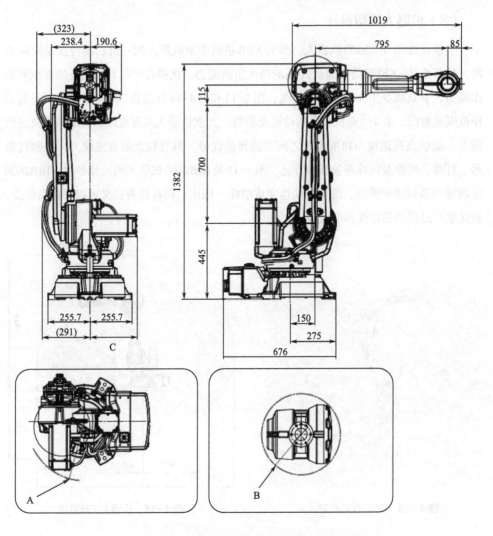

A—IRB2600机器人轴1的最小转动半径；
B—IRB2600机器人轴4的最小转动半径；
C—IRB 2600ID 型尺寸为 281mm，其他类型尺寸为276mm

图4-15 IRB2600机器人尺寸参数

（3）控制器选型设计

选用IRB2600工业机器人相配套的第五代控制器——IRC5，如图4-16所示。该型号控制器具有卓越的运动控制性能，外接FlexPendant编程工具，灵活多变的RAPID语言以及强大的通信功能将为系统稳定运行提供强有力支持。

图4-16　IRC5控制器

（4）传送带选型设计

传送带选型为Conveyor guide400，这是RobotStudio软件内置的运输链之一（图4-17）。相较于其他运输链，该类型的运输链能适应所选机器人的工作空间参数，其运输部分由圆柱形部件构成，更适合传输方形工件。

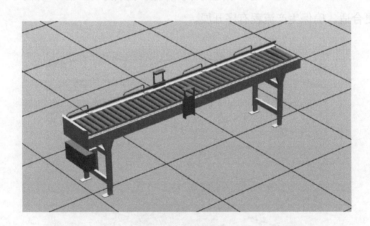

图4-17　传送带

（5）喷涂工件设计

物块的选型参照传送带的参数，采用RobotStudio软件的建模功能，设计工件模型尺寸为200mm×200mm×200mm，由多机器人系统完成正方体工件多个面的喷涂，如图4-18所示。

图4-18 喷涂工件

（6）安全围栏选型设计

安全围栏选型参照传送带、机器人等参数，主要用于防止发生安全事故。本次设计选择模型库中的fence gate，如图4-19所示，该安全围栏刚好能将机器人和其他工作设备与非工作区域隔开，在生产过程中起到保护作用，降低事故风险，而且可以将工作场地划分得更合适，确保生产流程有序开展。

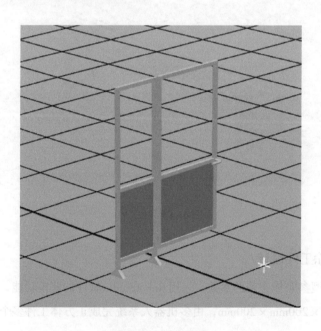

图4-19 安全围栏

（7）栈板选型设计

栈板选型参照需要放置工件的长和宽参数，设置栈板尺寸为1200mm×1000mm×200mm，如图4-20所示，功能为存放喷涂后正方体工件。

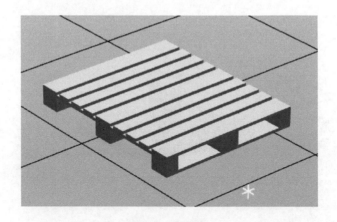

图4-20　栈板

（8）操作台选型设计

操作台选型根据人机学，便于人员高效实时监测生产线的工作状态，因此选择尺寸为600mm×400mm×800mm，如图4-21所示。

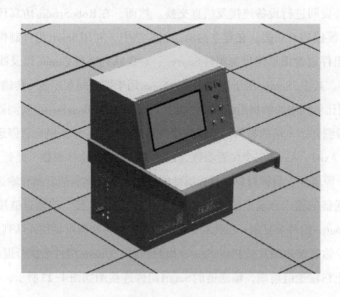

图4-21　操作台

（9）夹具选型设计

机械臂配备三种不同类型的夹具系统，分别为夹爪式、夹板式与真空吸盘式。根据生产工艺需求选择其中一种合适的夹具，吸盘式夹具如图4-22所示。

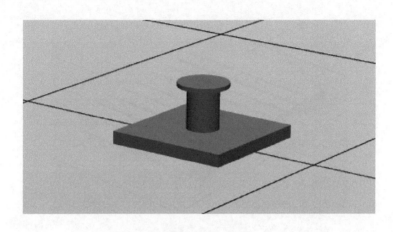

图4-22 吸盘式夹具

（10）输送链Smart组件设计

在自动化生产线中，物料在输送链上处于运动状态。实际应用中，采用PLC控制机器人与外设间进行设备连接及信息交换。然而，在RoboStudio仿真环境中，可以用Smart组件模拟PLC功能。在建立的动态工作站中，利用Smart组件制作一个移动的输送链。该组件包含图形拷贝源组件Source、对象队列组件Queue以及线性移动组件LinearMove等。其中，Source用于复制物料；Queue用于按时间顺序逐一传输物料的副本；LinearMove则让队列中的物料沿线移动。此外，还需添加PlaneSensor检测器，置于输送链末端，以检测到达末端的物料。当传感器检测到物体时，输送链会暂停运行。其属性包括Origin、Axisl、Axis2三个位置参数，以及SensedPart物体参数（此处为空）。通过设置源对象、源属性、目标对象和目标属性的连接，实现物料的复制和输送。同时，还需要设定输送链的输入和输出信号，并进行相应的信号连接。当输送链接收到数字输入信号后，Source组件会复制一份物料，Queue组件会将物料自动加入队列并开始传输。当物料运动至输送链末端且被PlaneSensor检测到时，Queue组件会执行退出队列操作，物料随之停止在输送链前端，输送链的Smart组件连接图如图4-23所示，I/O信号连接如表4-3所示。

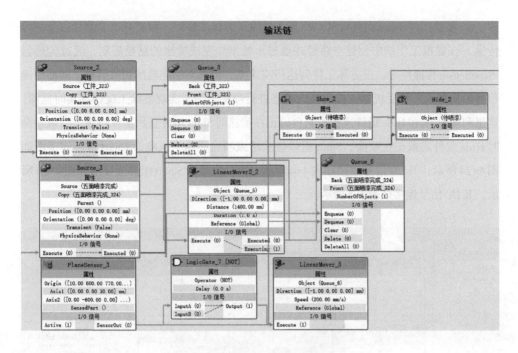

图4-23 输送链Smart组件连接图

表4-3 输送链的I/O信号连接

源对象	源信号	目标对象	目标信号或属性
Source_2	executed	Queue_5	Enqueue
Source_2	executed	Linearmover2_2	executed
输送链	fz	source_2	Execute
Linearmover2_2	executed	输送链	Dw
Planesensor_3	Sensorout	Queue_6	Dequeue
Planesensor_3	Sensorout	Logicgate_7	inputA
Logicgate_7	outputA	Linearmover_5	execute
Planesensor_3	Sensorout	输送链	Dw2
Linearmover2_2	executed	Queue_5	deleteAll
输送链	pqok	Source_2	execute
Linearmover2_2	executed	Show_2	execute
输送链	pqok	Source_3	execute
Source_3	executed	Hide_2	execute

① 喷涂工件Smart组件设计 机器人喷涂正方体工件时，设置好喷涂路径以及信号传递。在虚拟工作站中创建空路径并通过示教指令完成喷涂的路径规划，通过传感器PlaneSensor传递信号，正方体工件到达待喷涂点，传感器感应检测到位信号，随即传递信号给机器人，然后机器人按照喷涂轨迹进行喷涂。为了实现喷涂工况得到实时监测，这里利用Show和Hide组件连接控制台，正在喷涂时Show组件显示正在喷涂，结束喷涂时Hide组件隐藏正在喷涂，Show组件显示结束喷涂，第一次喷涂Smart组件连接图如图4-24所示，其I/O信号连接如表4-4所示，第二次喷涂Smart组件连接图如图4-25所示，其I/O信号连接如表4-5所示。

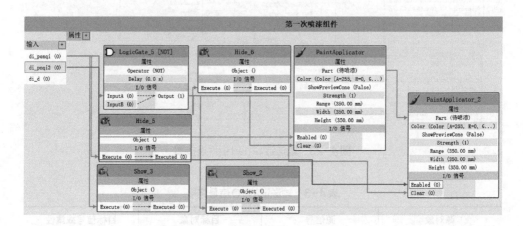

图4-24 第一次喷涂Smart组件连接图

表4-4 第一次喷涂组件的I/O信号连接

源对象	源信号	目标对象	目标信号或属性
第一次喷漆组件	Di_penqi	Logicgate_5[NOT]	InputA
Logicgate_5[NOT]	output	Show_2	execute
第一次喷漆组件	Di_penqi	Hide_5	execute
第一次喷漆组件	Di_penqi	Show_3	execute
Logicgate_5[NOT]	output	Hide_6	ececute
Logicgate_5[NOT]	output	paintApplicator	clear
第一次喷漆组件	Di_penqi	paintApplicator	enabled
第一次喷漆组件	Di_penqi2	paintApplicator_2	enabled
Logicgate_5[NOT]	output	paintApplicator_2	clear

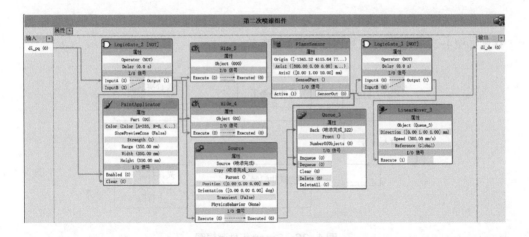

图4-25 第二次喷涂Smart组件连接图

表4-5 第二次喷涂组件的I/O信号连接

源对象	源信号	目标对象	目标信号或属性
第二次喷漆组件	Di_pq	paintApplicator	enabled
第二次喷漆组件	Di_pq	logicGate_2[NOT]	intputA
logicGate_2[NOT]	output	paintApplicator	clear
logicGate_2[NOT]	output	Hide_4	execute
logicGate_2[NOT]	output	source	execute
source	Executed	Queue_3	enqueue
planesensor	sensorout	Queue_3	dequeue
planesensor	sensorout	logicGate_3[NOT]	inputA
logicGate_3[NOT]	output	Linearmover_3	Execute
planesensor	sensorout	第二次喷漆组件	di_dw
logicGate_2[NOT]	output	Hide_5	Execute

② 吸盘夹爪Smart组件设计　添加一个LineSensor（线传感器）组件，在夹具内侧确定一点安装，使夹具夹起货物时能有所反馈，与之关联信号从0变为1；添加Attacher与Detacher组件以安装和拆除被夹取的货物；添加LogicGate组件并设置为非门，使信号

与动作相关联，即触发该组件定义为非。Smart组件逻辑图如图4-26所示，吸盘组件连接图如图4-27所示，I/O信号连接如表4-6所示。

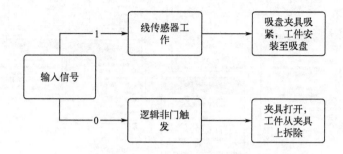

图4-26 Smart组件逻辑图

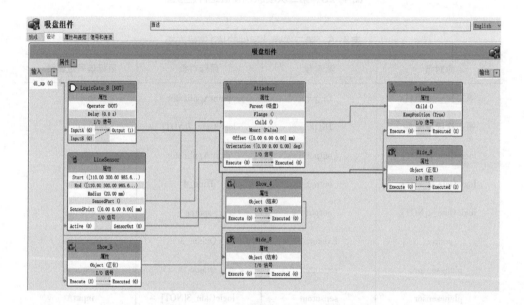

图4-27 吸盘组件连接图

表4-6 吸盘组件的I/O信号连接

源对象	源信号	目标对象	目标信号或属性
吸盘组件	Di_xp	logicGate_8[NOT]	IntputA
LogicGate_8[NOT]	Output	Detcher	execute
吸盘组件	Di_xp	Linesensor	Active

源对象	源信号	目标对象	目标信号或属性
Linesensor	sensorout	attacher	Execute
吸盘组件	Di_xp	Hide_8	Execute
LogicGate_8[NOT]	output	Show_4	Execute
吸盘组件	Di_xp	Show_5	Execute
logicGate_8	output	Hide_9	Execute

③ 搬运工件Smart组件设计　机器人在搬运过程中需频繁地进行抓取与释放操作。为实现这一动态效果，在虚拟工作站中搭建了工具抓取和释放功能。其中包括创建Smart组件，该组件包含感知物料的线传感器LineSensor、抓取物料的Attacher以及释放物料的Detacher等子元素。通过属性连接，当传感器检测到物料时，Attacher会自动抓取；而在释放时，Detacher会接收信号，放下物料。此外，还设置了信号连接，即吸盘输入信号、线传感器检测到物料信号、Attacher抓取物料信号及Detacher释放物料信号之间的动态关联。最后，将输送链和夹具Smart组件的输出信号作为机器人的输入信号，同时也将机器人的输出信号反馈至Smart组件，从而实现整个系统的动态交互。具体的连接关系如图4-28和表4-7所示。

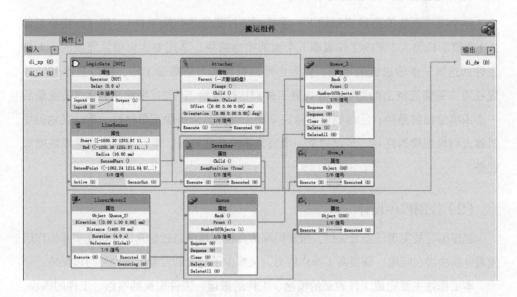

图4-28 搬运Smart组件连接图

表4-7　搬运组件的I/O信号连接

源对象	源信号	目标对象	目标信号或属性
搬运组件	di_xp	LogicGate[NOT]	InputA
搬运组件	Di_xp	linesensor	Active
LogicGate[NOT]	Output	Detacher	Execute
linesensor	sensorout	Attacher	Execute
Detacher	executed	queue	enqueue
搬运组件	di_rd	Queue_2	enqueue
搬运组件	di_rd	queue	dequeue
搬运组件	di_rd	Linearmover2	execute
Linearmover2	executed	Queue_2	deleteAll
Linearmover2	executed	Show_4	execute
Linearmover2	executed	搬运组件	Di_dw

4.3.2　多机器人协作系统软件系统设计

（1）机器人系统路径规划设计

整个喷涂系统的路径规划如下：①规划工件到达待喷涂工位1，然后由喷涂机器人1和喷涂机器人2完成工件表面五个面的喷涂路径；②规划表面喷涂完成的正方体工件到达第一条输送链的末端，然后由搬运机器人开始搬运工作，搬运翻转90°放置在第二条输送链上的路径；③规划工件到达待喷涂工位2，喷涂机器人3喷涂最后一个未喷涂面的路径；④规划已喷涂完毕的工件到达待码垛工位路径，然后规划码垛机器人码垛规模的路径，至此完成一个喷涂系统路径规划，即结束整个喷涂系统喷涂任务。

（2）控制程序设计

程序编写是实现任务之关键，搬运码垛仿真模拟系统通过仿真训练可在实际操作前发现并解决潜在问题。既提高了操作能力，又减少了危险的发生，安全性得以保障。

本工作站主要完成工件表面的喷涂、工件的搬运、工件底面的喷涂、工件的码垛。通过机器人安装喷涂工具，将工件表面喷涂；搬运机器人将工件旋转90°再次完成上料，工业机器人将底面喷涂完成；通过输送模块输送到指定位置，工业机器人利用吸盘工具将其进行码垛。

① 喷涂机器人1离线路径轨迹核心代码：

点开RAPID下的Module1下的main，如图4-29所示，然后开始编写程序。

图4-29 进入主程序编程菜单图

penqi子程序：设置喷涂路径，利用MoveL和MoveJ运动指令编写，具体如下。

```
MoveL offs(d1,0,0,0),v3000,fine,MyTool\WObj:=wobj0;
waittime 0.5;
set do_pq;
waittime 0.5;
MoveL offs(d1,0,300,0),v800,fine,MyTool\WObj:=wobj0;
MoveJ offs(d2,0,0,0),v800,fine,MyTool\WObj:=wobj0;
Movel offs(d2,0,-300,0),v800,fine,MyTool\WObj:=wobj0;
MoveJ offs(d3,0,0,0),v800,fine,MyTool\WObj:=wobj0;
Movel offs(d3,0,300,0),v800,fine,MyTool\WObj:=wobj0;
waittime 0.5;
reset do_pq;
```

chushihua子程序：实现到达初始位置，并重置信号。

```
MoveAbsJ home\NoEOffs,v800,fine,tool0\WObj:=wobj0;
```

```
reset do_pq;

reset do_ok;

reset do_pqok;
```

主程序如图4-30所示。设置好喷涂的三个位置点、一个home点。脉冲输出信号fz到来，等待0.5s，等待工件dw到位信号，输出do_ok信号，开始喷涂，喷涂结束输出do_pqok信号，随即初始化。

```
T_ROB1/Module1  ×
     1     MODULE Module1
     2        PERS robtarget d1:=[[1314.59,-160.819,1031.43],[0.176285,0.0730194,0.906905,0.375652],[-1,0,-1,0],[9E+9,9E+9,9E+9,9E+9,9E+9,9E+9]];
     3        PERS robtarget d2:=[[1253.85,335.739,1048.31],[0.176285,-0.0730194,0.906905,-0.375653],[0,-1,0,0],[9E+9,9E+9,9E+9,9E+9,9E+9,9E+9]];
     4        PERS robtarget d3:=[[1308.44,2.59656E-7,1106.39],[0.190809,2.67907E-9,0.981627,3.08192E-9],[-1,0,0,0],[9E+9,9E+9,9E+9,9E+9,9E+9,9E+9]];
     5
     6        PERS jointtarget home:=[[0,0,0,0,30,0],[9E9,9E9,9E9,9E9,9E9,9E9]];
     7
     8
     9     PROC main()
    10        chushihua;
    11        PulseDO do_fz;
    12        FOR i FROM 1 TO 30 DO
    13            waittime 0.5;
    14            waitdi di_dw,1;
    15            PulseDO do_ok;
    16            penqi;
    17            MoveAbsJ home\NoEOffs,v800,fine,tool0\WObj:=wobj0;
    18            PulseDO do_pqok;
    19        ENDFOR
    20        chushihua;
    21     ENDPROC
    22
    23     PROC penqi()
    24        MoveL offs(d1,0,0,0),v3000,fine,MyTool\WObj:=wobj0;
    25        waittime 0.5;
    26        set do_pq;
    27        waittime 0.5;
    28        MoveL offs(d1,0,300,0),v800,fine,MyTool\WObj:=wobj0;
    29        MoveJ offs(d2,0,0,0),v800,fine,MyTool\WObj:=wobj0;
    30        MoveL offs(d2,0,-300,0),v800,fine,MyTool\WObj:=wobj0;
    31        MoveJ offs(d3,0,0,0),v800,fine,MyTool\WObj:=wobj0;
    32        MoveL offs(d3,0,300,0),v800,fine,MyTool\WObj:=wobj0;
    33        waittime 0.5;
    34        reset do_pq;
    35     ENDPROC
    37     PROC chushihua()
    38        MoveAbsJ home\NoEOffs,v800,fine,tool0\WObj:=wobj0;
    39        reset do_pq;
    40        reset do_ok;
    41        reset do_pqok;
    42     ENDPROC
    43  ENDMODULE
```

图4-30 喷涂机器人1主程序图

编好程序，点击应用，即完成设置。图4-31为主程序应用图界面。

图4-31 主程序应用图界面

② 喷涂机器人2离线路径轨迹核心代码：

```
PROC main()
chushihua;
FOR i FROM 1 TO 30 DO
waitdi di_dw,1;
penqi;
MoveAbsJ home\NoEOffs,v600,fine,tool0\WObj:=wobj0;
ENDFOR
chushihua;
ENDPROC
PROC chushihua()
MoveAbsJ home\NoEOffs,v600,fine,tool0\WObj:=wobj0;
reset do_pq;
ENDPROC
PROC penqi()
waittime 1;
set do_pq;
MoveL d1,v600,fine,MyTool\WObj:=wobj0;
MoveL d2,v800,z0,MyTool\WObj:=wobj0;
MoveL d1,v600,fine,MyTool\WObj:=wobj0;
waittime ;
reset do_pq;
ENDPROC
ENDMODULE
```

③ 喷涂机器人3离线路径轨迹核心代码：

```
PROC main()
chushihua;
FOR i FROM 1 TO 30 DO
waitdi di_dw,1;
lujing;
ENDFOR
```

```
chushihua;
ENDPROC
PROC chushihua()
MoveAbsJ home\NoEOffs,v1000,fine,tool0\WObj:=wobj0;
reset do_pq;
ENDPROC
PROC lujing()
set do_pq;
waittime ;
MoveL d1,v1000,fine,MyTool\WObj:=wobj0;
MoveL d2,v1000,fine,MyTool\WObj:=wobj0;
MoveL d1,v1000,fine,MyTool\WObj:=wobj0;
MoveAbsJ home\NoEOffs,v1000,fine,tool0\WObj:=wobj0;
reset do_pq;
waittime ;
ENDPROC
ENDMODULE
```

④ 搬运机器人离线路径轨迹核心代码：

```
PROC main()
chushihua;
FOR i FROM 1 TO 30 DO
waitdi di_dw,1;
zhuaqu;
fangzhi;
PulseDO do_rd;
ENDFOR
chushihua;
ENDPROC
PROC chushihua()
MoveAbsJ home\NoEOffs,v1000,fine,tool0\WObj:=wobj0;
reset do_rd;
```

```
reset do_xp;
ENDPROC
PROC zhuaqu()
MoveL offs(zhua,0,0,250),v1000,fine,tool1\WObj:=wobj0;
MoveL offs(zhua,0,0,0),v1000,fine,tool1\WObj:=wobj0;
set do_xp;
waittime ;
MoveL offs(zhua,0,0,250),v1000,fine,tool1\WObj:=wobj0;
ENDPROC
PROC fangzhi()
MoveL offs(fang,0,0,250),v1000,fine,tool1\WObj:=wobj0;
MoveL offs(fang,0,0,0),v1000,fine,tool1\WObj:=wobj0;
reset do_xp;
waittime ;
MoveL offs(fang,0,0,250),v1000,fine,tool1\WObj:=wobj0;
ENDPROC
PROC lujing()
MoveL zhua,v1000,fine,tool1\WObj:=wobj0;
MoveL fang,v1000,fine,tool1\WObj:=wobj0;
ENDPROC
ENDMODULE
```

⑤ 码垛机器人离线路径轨迹核心代码：

```
VAR num x;
VAR num y;
PROC main()
chushihua;
FOR i FROM 1 TO 30 DO
waitdi di_dw,1;
zhuaqu;
fangzhi;
Incr x;
```

```
IF i=6 or i=12 or i=18 or i=24 THEN
x:=0;
Incr y;
ENDIF
ENDFOR
chushihua;
ENDPROC
PROC zhuaqu()
MoveL offs(zhua,0,0,200),v1000,fine,tool1\WObj:=wobj0;
MoveL zhua,v1000,fine,tool1\WObj:=wobj0;
set do_xp;
waittime ;
MoveL offs(zhua,0,0,300),v1000,fine,tool1\WObj:=wobj0;
ENDPROC
PROC fangzhi()
MoveL offs(fang,−200*x,200*y,250),v1000,fine,tool1\WObj:=wobj0;
MoveL offs(fang,−200*x,200*y,0),v1000,fine,tool1\WObj:=wobj0;
reset do_xp;
waittime ;
MoveL offs(fang,−200*x,200*y,250),v1000,fine,tool1\WObj:=wobj0;
ENDPROC
PROC chushihua()
reset do_xp;
MoveAbsJ home\NoEOffs,v3000,fine,tool0\WObj:=wobj0;
ENDPROC
PROC lujing()
MoveL fang,v3000,fine,tool1\WObj:=wobj0;
MoveL zhua,v3000,fine,tool1\WObj:=wobj0;
ENDPROC
ENDMODULE
```

4.4 仿真实验与分析

在多工业机器人协作喷涂系统中，机器人如何精准地进行工件的搬运、喷涂和分拣码垛，顺利完成多个工业机器人协作喷涂任务，机器人喷涂路径的规划和机器人之间协作约束关系的确定是必要条件。首先，通过对喷涂工件系统稳定性、快速性、准确性和效率等方面进行分析，生成机器人喷涂工件最优路径。其次，根据分拣工艺的要求，确定多个机器人之间的协作约束关系。最后，利用搭建的仿真平台，验证离线规划的运输轨迹和机器人之间协作约束关系的可行性和有效性，为实际场景多个工业机器人协调喷涂运动控制奠定基础。

4.4.1 仿真调试

程序编写完成后，需要进行仿真调试。首先，要对每个子程序进行调试，鼠标右键点击所设置的路径子程序名称，选择沿着路径运动，就可以观察这个子程序的功能是否可实现，如果与预期效果不符，则进行相应的调整。每个子程序调试成功后，将main主程序设置为仿真程序的进入点，鼠标右击main的名字，在弹出的界面中选择"设置为仿真进入点"，接着将所有的程序同步到RAPID中。鼠标右击机器人系统名称，选择"同步到RAPID"，选中所有的选项，将整个机器人的程序数据、工作坐标、工具数据和路径及目标全部同步。仿真逻辑图如图4-32所示。

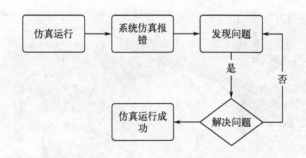

图4-32 仿真逻辑图

4.4.2 仿真验证

通过喷涂产线的合理布局和多机器人路径规划，仿真验证多机器人喷涂效果并分析

速度、加速度等参数对喷涂效率及效果的影响。多机器人喷涂系统喷涂过程如下:

① 工件到达待喷涂工位1触发传感器,发出喷涂信号1,喷涂机器人1和喷涂机器人2收到信号后开始喷涂工作,完成工件五个表面的喷涂,如图4-33所示。

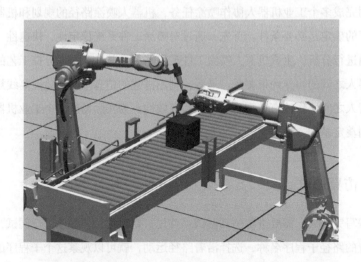

图4-33 机器人喷涂工件五个表面仿真图

② 五个表面喷涂完成的正方体工件到达第一条输送链的末端,此时触发传感器2,发出工件到位信号,搬运机器人收到信号开始搬运工作,搬运翻转90°放置在第二条输送链上,如图4-34所示。

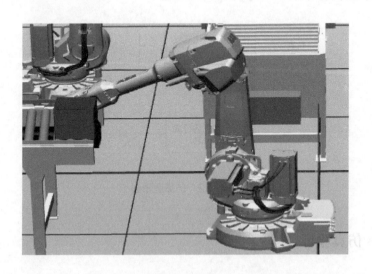

图4-34 机器人搬运翻转90°仿真图

③ 工件到达待喷涂工位2触发传感器3，发出喷涂信号2，喷涂机器人3收到信号后开始喷涂最后一个未喷涂的底面，如图4-35所示。

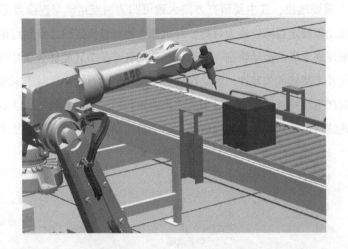

图4-35 机器人喷涂底面仿真图

④ 已喷涂完毕的工件到达待码垛工位，发出码垛信号，码垛机器人收到信号后开始码垛，至此完成一个循环喷涂任务，如图4-36所示。

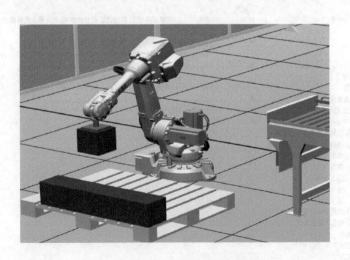

图4-36 机器人码垛仿真图

机器人的末端轨迹规划，是通过深度剖析各个关节所产生的速度以及线性加速度等因素对多机器人协作喷涂系统运动状态的影响。通过选择信号分析速度和加速度等重要参数随时间的变化关系来分析系统的特性，点击仿真下的信号设置，如图4-37所示；信号选择界面图和信号分析器界面图如图4-38和图4-39所示。在现代机器人领域，轨迹规划占据了重要地位，其主要研究方向大致可归为两点运动与连续点运动两类。其中，点到点运动以特定目标位姿为目标，对机器人进行精确定位，点到点运动仅需在关节空间中详细规划末端的运动轨迹，而且机器人的各个关节皆能够独立且稳定平滑地运动，彼此之间并无直接的关联性，因此在进行轨迹规划的过程中，对于末端的姿态与位置并没有特别严格或特殊的要求，只需关注末端执行器运动的起始点和最终目标点所在的位置；而连续点运动则着眼于实现机器人的平稳运动，提高其灵活性及工作效率。

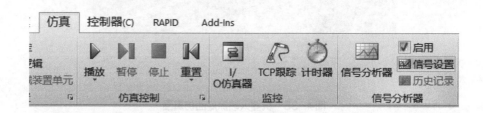

图4-37 仿真信号设置界面图

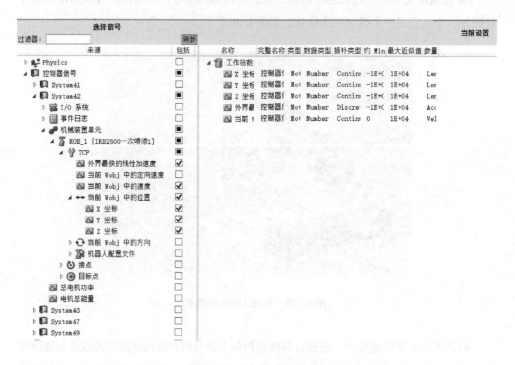

图4-38 信号选择界面图

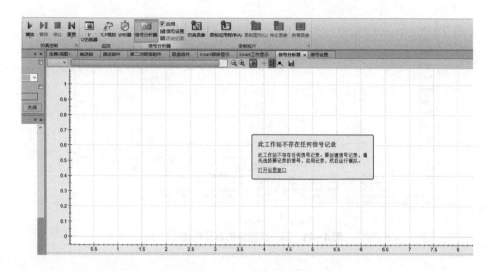

图4-39 信号分析器界面图

在实际仿真中，发现工业机器人各关节所产生的速度以及线性加速度的变化是连续而平滑的，不存在任何拐点或间断现象，使得机器人末端的运动表现十分平稳，无明显的突变，这充分证明多机器人喷涂系统参数设计合理且可靠，可以满足机器人正常稳定运行、工作性能优越的需求。同时从仿真信号分析图可以看出，线性加速度和当前wobj的速度随时间呈周期性变化，表明整个仿真过程周期平稳，仿真过程流畅顺利，机器人所到达 X, Y, Z 坐标位置也呈稳定周期，机器人无碰撞，说明方案的可行性与正确性。图4-40~图4-44展示了各个阶段的仿真运行轨迹周期。

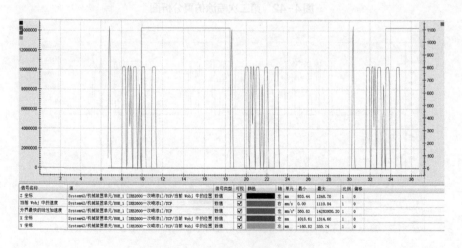

图4-40 第一次喷涂仿真分析图（一）

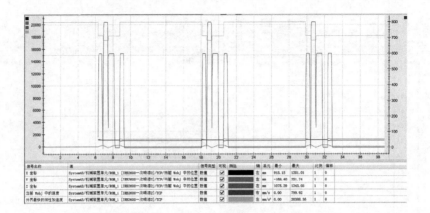

信号名称	源	信号类型	可视	颜色	轴	单元	最小	最大	比例	偏移
X 坐标	System43/机械装置单元/ROB_1 [IRB2600一次喷漆2]/TCP/当前 Wobj 中的位置	数值	☑		左	mm	915.15	1201.01	1	0
Y 坐标	System43/机械装置单元/ROB_1 [IRB2600一次喷漆2]/TCP/当前 Wobj 中的位置	数值	☑		左	mm	-169.40	251.74	1	0
Z 坐标	System43/机械装置单元/ROB_1 [IRB2600一次喷漆2]/TCP/当前 Wobj 中的位置	数值	☑		左	mm	1075.29	1343.03	1	0
当前 Wobj 中的速度	System43/机械装置单元/ROB_1 [IRB2600一次喷漆2]/TCP	数值	☑		左	0.00	799.92	1	0
外界最快的线性加速度	System43/机械装置单元/ROB_1 [IRB2600一次喷漆2]/TCP	数值	☑		左	mm/s²	0.00	20388.36	1	0

图4-41 第一次喷涂仿真分析图（二）

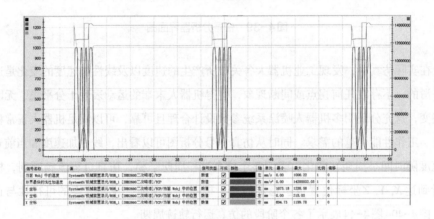

信号名称	源	信号类型	可视	颜色	轴	单元	最小	最大	比例	偏移
当前 Wobj 中的速度	System49/机械装置单元/ROB_1 [IRB2600二次喷漆]/TCP	数值	☑		左	mm	0.00	1000.22	1	0
外界最快的线性加速度	System49/机械装置单元/ROB_1 [IRB2600二次喷漆]/TCP	数值	☑		左	mm/s²	0.00	14258832.03	1	0
Z 坐标	System49/机械装置单元/ROB_1 [IRB2600二次喷漆]/TCP/当前 Wobj 中的位置	数值	☑		左	mm	1075.84	1238.58	1	0
Y 坐标	System49/机械装置单元/ROB_1 [IRB2600二次喷漆]/TCP/当前 Wobj 中的位置	数值	☑		左	mm	0.00	218.03	1	0
X 坐标	System49/机械装置单元/ROB_1 [IRB2600二次喷漆]/TCP/当前 Wobj 中的位置	数值	☑		左	mm	694.73	1199.78	1	0

图4-42 第二次喷涂仿真分析图

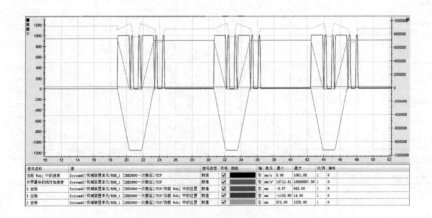

信号名称	源	信号类型	可视	颜色	轴	单元	最小	最大	比例	偏移
当前 Wobj 中的速度	System47/机械装置单元/ROB_1 [IRB2600一次搬运1]/TCP	数值	☑		左	mm/s	0.00	1001.06	1	0
外界最快的线性加速度	System47/机械装置单元/ROB_1 [IRB2600一次搬运1]/TCP	数值	☑		左	mm/s²	13712.31	18880887.50	1	0
X 坐标	System47/机械装置单元/ROB_1 [IRB2600一次搬运]/TCP/当前 Wobj 中的位置	数值	☑		左	mm	-6.87	945.00	1	0
Y 坐标	System47/机械装置单元/ROB_1 [IRB2600一次搬运]/TCP/当前 Wobj 中的位置	数值	☑		左	mm	-1135.90	14.95	1	0
Z 坐标	System47/机械装置单元/ROB_1 [IRB2600一次搬运]/TCP/当前 Wobj 中的位置	数值	☑		左	mm	872.00	1220.00	1	0

图4-43 搬运仿真分析图

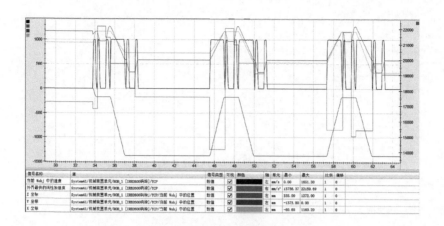

信号名称	源	信号类型	可视	颜色	轴	单元	最小	最大	比例	偏移
当前 Wobj 中的速度	System41/机械装置单元/BOB_1 [IRB2600码垛]/TCP	数值	☑		左	mm/s	0.00	1651.30	1	0
外界最快的线性加速度	System41/机械装置单元/BOB_1 [IRB2600码垛]/TCP	数值	☑		右	mm/s²	13756.37	22159.69	1	0
Z 坐标	System41/机械装置单元/BOB_1 [IRB2600码垛]/TCP/当前 Wobj 中的位置	数值	☑		左	mm	335.00	1272.00	1	0
Y 坐标	System41/机械装置单元/BOB_1 [IRB2600码垛]/TCP/当前 Wobj 中的位置	数值	☑		左	mm	-1373.80	0.00	1	0
X 坐标	System41/机械装置单元/BOB_1 [IRB2600码垛]/TCP/当前 Wobj 中的位置	数值	☑		左	mm	-60.69	1169.29	1	0

图4-44 码垛仿真分析图

4.5 本章小结

本章主要针对目前喷涂系统所使用的多机器人协作喷涂系统进行了设计，完成了工作站的搭建、控制系统设计及仿真验证，通过仿真验证可知，多机器人协作喷涂系统实现了工件的搬运、喷涂及码垛功能，提高了系统的稳定性、快速性、准确性及效率，进一步验证了本次设计的可行性，达到预期效果。

第 5 章　多机器人协作剥除青菜头筋皮仿真系统设计

青菜头筋皮剥除是榨菜加工一大难点，传统手工剥除不仅效率低下，而且劳动强度大。随着机器人技术的发展，使用工业机器人代替人工，既能提高生产效率，又可以减少操作不当引起的安全问题。本章基于 RobotStudio 设计了青菜头筋皮剥除多机器人协作仿真系统，用于模拟并验证青菜头筋皮剥除过程。首先，使用 RobotStudio 软件自带的建模功能对工作站所需部件进行建模，并将控制柜、安全围栏、IRB2600 机器人、IRB1200 机器人和 Conveyor Guide 400 输送链等模型从模型库中导入进行工作站搭建。其次，通过 RobotStudio 软件将创建好的工具设置为机械装置，配置机器人 I/O 信号，设计各类 Smart 组件，编辑工作站逻辑，规划机器人运动路径，示教机器人目标点，编写机器人离线程序等，最终完成青菜头筋皮剥除多机器人协作仿真的硬件和软件系统设计。最后，对青菜头筋皮剥除多机器人协作仿真系统进行仿真验证。多机器人协作剥除青菜头筋皮仿真系统成功设计实现了青菜头筋皮剥除任务的协作过程无人化，提高了安全性及智能化水平，为类似项目的自动化生产提供了新的解决方案。

5.1 概述

5.1.1 技术背景

工业机器人行业主要有 ABB、库卡（KUKA）、发那科（FANUC）以及安川电机（YASKAWA）四大企业，ABB 公司推出的 RobotStudio 虚拟仿真工具，允许用户在计算机上进行机器人、控制系统及辅助设备的操作模拟和生产过程仿真。利用 RobotStudio 功能强大的软件，开发者能够在虚拟空间内构建三维机器人模型，进而在模拟环境中对程序进行测试与调整。RobotStudio 为从事 ABB 机器人应用的工程技术人员提供了程序开发、调试以及维护的辅助功能，且配备了多种模拟工具，包括但不限于碰撞侦测、路径规划与力量控制等，从而支持用户以更高的精确度进行机器人操作。

工业机器人要实现特定的学习和应用，必须依托于配套的控制系统，以确保其动作既有目标性也有规律性。郝建豹提出利用 SolidWorks 和 RobotStudio 联合建立多机器人柔性制造生产线虚拟仿真系统；郑魁敬提出一种基于三维仿真平台 NX MCD 的机器人自动化生产系统虚拟调试方法，通过磨削系统、机器人控制器和 PLC 控制器的信号实时交互，实现机器人和 PLC 的联动控制；庞党锋利用 RobotStudio 和 SolidWorks 搭建了机器人上下料工作站并进行了仿真测试；孙立新通过三维软件完善了仿真软件 RobotStudio 建模方面的缺陷，联合建立了分拣工作站的动态仿真模型；管菊花在RobotStudio虚拟平台上搭建焊接机器人工作站；郝建豹研究利用SolidWorks和RobotStudio构建多个工业机器人虚拟仿真工作站的实训平台；陈永平针对实训室建设中实训设备场地和设备不足的情况而提出工业机器人应用虚拟仿真实验开发平台解决思路。以上研究成果为青菜头筋皮剥除多机器人协作仿真的研究提供了方法。

随着大数据、互联网及人工智能等先进技术的持续发展，制造业也正在从传统的机械制造模式逐步转变为数字化、智能化等模式。工业领域的技术革新，推动着机械生产制造过程更加注重智能化、网络化，降低人力成本、降低误差率、提高生产效率，因此工业机器人的应用范围越来越广泛，不仅推动着企业的转型升级，也提升了企业在行业中的竞争力。工业机器人是实现自动化和智能制造的基础，在生产中发挥着重要的作用。该系统具备自动化完成生产过程的能力，实现了生产的高效、高精确度以及高适应性，有助于提升生产效率、缩减制造成本。此外，该系统还确保了产品质量的一致性与稳定性，减少了人员在危险环境中工作的需求，进而提升了生产安全与可靠性。

与传统工业机器人相比，协作机器人体型小，重量轻，部署灵活且操作简单，同时具有智能感知能力和较高的安全性，在应用中不设护栏围栏，不划危险区，实现了人类与机器人近距离协同工作。

通过青菜头加工工艺与工业机器人的深度融合、分段开展青菜头机械化加工环节的研究，提高加工关键技术的创新能力，开发符合我国榨菜产业的榨菜加工产线，对实现榨菜机械化生产和促进产业可持续发展具有重大意义。

5.1.2　项目背景

重庆市榨菜历史悠久，是重庆市农业优势特色支柱产业之一，形成了"配套—种植—加工—销售"的全产业链。历经多年发展，青菜头从田间地头到最后的包装等多数环节都已经实现了自动化生产，但由于青菜头的形状不规则，青菜头的去筋皮环节主要还是由人工完成。在青菜头筋皮剥除这一生产过程中，传统的人工操作效率低下，成本高，而多机器人协作系统可以提高生产效率，降低成本，提高产品质量。随着工业生产的复杂化和智能化，多机器人的协调控制更加适应现代生产，多机协调技术得到应用并逐渐走向成熟。

通过对多机器人协作系统的建模和仿真，可以深入探究机器人之间的协作机制，优化协作算法，提高协作效率，从而为实际生产提供理论指导。

本项目根据设计要求，采用类比和实验等方法，按照青菜头筋皮剥除多机器人协作仿真系统功能要求，优化功能与设计方案；在分析机器人运行路径的基础上，对青菜头筋皮剥除多机器人协作仿真系统进行设计，实现对青菜头筋皮的自动剥除。本章主要包括以下内容。

① 根据青菜头筋皮剥除所要完成的任务，对青菜头筋皮剥除多机器人协作仿真系统进行总体方案设计；

② 对多机器人协作剥除青菜头筋皮仿真系统的软硬件系统进行设计；

③ 对机器人运行路径进行规划，避免碰撞或超出工作范围；

④ 对多机器人协作剥除青菜头筋皮仿真系统进行仿真验证。

5.2 多机器人协作剥除青菜头筋皮系统整体方案设计

以实现多机器人协作完成筋皮剥除任务为目标，通过对关键要点、筋皮剥除工艺流程、机器人工作站的设计、I/O信号传输等整体方案设计进行分析与研究，为后面的章节提供参考与依据。

5.2.1 工作站方案设计

本节主要结合现阶段大部分工业领域所涉及关于多机器人完成多目标任务的工作背景，考虑多机器人完成工作的效率以及高度可适应的因素，通过对多机器人协作剥除青菜头筋皮这一工作任务，采用模块化架构设计，将复杂的任务分配以及路径规划工作进行简单化处理。根据多机器人协作系统中应具备的条件以及调研相关大型工厂对多机器人系统设备中所涉及的重要元素来分析，多机器人为能够实现在一定共享空间内进行有序高效的目标任务，需具备任务分配协作系统的路径规划能力、多目标任务点和机器人的定位跟踪能力等。

多机器人协作技术应用到青菜头筋皮剥除系统中，重点解决青菜头筋皮剥除多机器人轨迹规划、协调运动控制等关键技术问题。以青菜头的根部为加工对象，生成满足剥除工艺要求的工作路径，并根据剥除路径控制多机器人的协调运动、完成剥除筋皮的任务。根据青菜头筋皮剥除多机器人协作仿真系统的功能，对系统的软硬件进行设计，其系统构成如图5-1所示。

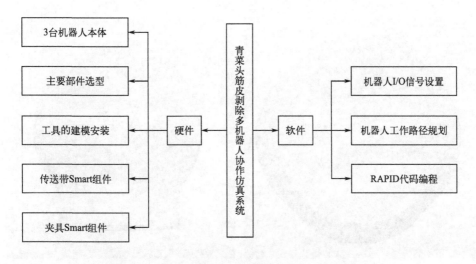

图5-1 青菜头筋皮剥除多机器人协作仿真系统构成

青菜头筋皮剥除多机器人协作仿真系统包括硬件和软件两部分,其中硬件系统包含机器人本体、控制器、工具建模、剥除夹具组件和抓手夹具组件,硬件系统是仿真系统进行筋皮剥除作业的基础,并通过Smart组件的设计与逻辑连接,满足青菜头筋皮剥除工艺的要求。软件系统包含机器人I/O信号设置、机器人工作路径规划、RAPID代码编程,用于工作站逻辑关系连接与设定、目标点示教及程序编写,最终完成青菜头筋皮剥除工作站的仿真。

5.2.2 系统工艺流程

榨菜,又名青菜头,是我国的主要腌制食品加工原料,它的加工工艺流程:原料收购→腌制→去筋→清洗→切分或预脱盐→脱水→拌料→包装,其中榨菜头去筋是整个加工工艺过程中的一个重要环节,这是因为现在一般直接食用的是加工后的小包装,如果榨菜上的老筋有残余,将严重影响榨菜的食用口感,因此长期以来去筋皮操作都是由人工来实现,该工艺不但人员用量大,劳动强度高,还存在较大的事故隐患,对长期从事剥除筋皮操作人员的手造成很大的伤害,也是困扰企业的瓶颈环节。

本设计采用虚拟仿真软件实现对青菜头的筋皮进行剥除操作,设计中采用两台工业机器人协同作业。青菜头的三维模型图如图5-2所示,青菜头底部直径70mm,高96mm。

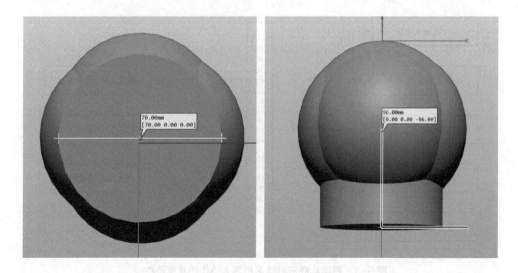

图5-2 青菜头三维模型图

针对青菜头筋皮剥除模拟设置专门的夹具，在机器人协作加工时，需要确保剥除夹具的夹紧姿态，一方面要确认机器人装配的工具沿规划路径运动的准确性，另一方面要保证夹具剥除青菜头时定位的准确性。基于这两个关键因素进行夹具设计，设计流程如图5-3所示。

图5-3 夹具设计流程图

5.2.3　工作站布局设计

所设计的青菜头筋皮剥除多机器人协作仿真系统要求工作机器人具有足够的空间、运动灵活以及运行误差小等，基于这些原因，选用了具有高作业效率、高效协调能力、高精准能力和高容错率的IRB2600机器人和机身小巧、有效工作范围大、可加快生产节拍、减少设备占用空间的IRB1200机器人。所设计的青菜头筋皮剥除多机器人协作仿真系统的工艺流程包含青菜头抓取—剥除—装箱—码垛，采用RobotStudio软件进行模拟，其工作站设计流程图如图5-4所示。首先，从RobotStudio模型库中导入传送带和安全围栏等模型，并运用建模功能完成码垛夹具、装箱、青菜头的建模；其次，利用 Smart

组件使模型不断生成并控制各模型的运动，以达到运动效果；最后，完成I/O信号的连接、工作站逻辑连接、搬运和码垛程序的编写并进行仿真测试，观察是否需要进行优化调整。

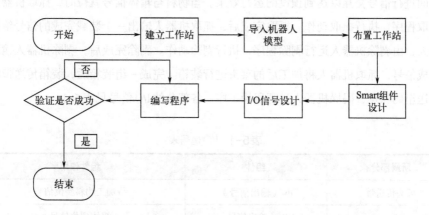

图5-4 工作站设计流程图

通过RobotStudio创建一个新的工作站，从导入模型库中选取传送带、安全围栏导入工作站，布局调整后从"ABB模型库"中选取IRB2600型机器人和IRB1200型机器人，分别放至对应加工点，调整工作站中各模型的位置，避免出现机械臂的工作轨迹重叠并发生碰撞的情况。利用建模功能搭建机器人末端工具，并完成安装。工作站整体布局如图5-5所示。

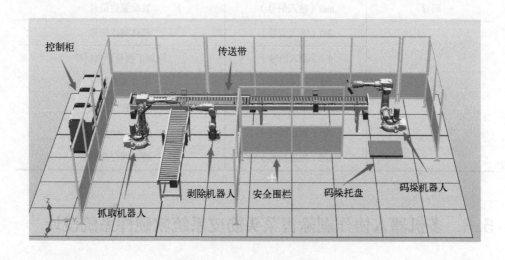

图5-5 工作站设计布局图

5.2.4 多机器人系统I/O信号创建

多机器人协作剥除青菜头筋皮仿真系统的正常运行基于一定的工作逻辑，需要各部分之间进行信号交互以达到预设的运行效果。当物料与箱体信号就位时，抓取机器人运行抓取程序，执行抓取动作。抓取完成后，抓取机器人输出一个装载完成的信号给剥除机器人，由剥除机器人运行剥除程序，执行剥除动作。剥除完成后，剥除机器人输出一个完成信号，抓取机器人将加工后的菜头进行装箱。完成一组装箱后，装箱传送带将成品运送至码垛点，码垛机器人进行码垛工序。各部分的I/O信号见表5-1。

表5-1 I/O信号表

所属部分	组件	组件作用
菜头传送带	dw（输出信号）	待加工物料到位信号
装箱传送带	DW（输出信号）	箱体到位信号
	MD（输出信号）	箱体离开信号
	EN（输入信号）	码垛满载和暂停信号
	GO（输入信号）	码垛工作信号
剥除夹具	bc（输入信号）	剥除工作信号
抓手夹具	BC（输出信号）	激活剥除信号
	zs（输入信号）	装配到位信号
码垛	mdl（输入信号）	装配到位信号
System7	di0（输入信号）	箱体到位信号
	di1（输入信号）	待加工物料到位信号
	di2（输入信号）	码垛满载信号
	do0（输出信号）	装配到位信号
	do1（输出信号）	码垛工作信号
	do2（输出信号）	装配到位信号

5.3 多机器人协作剥除青菜头筋皮系统软硬件系统设计

利用 RobotStudio 对青菜头筋皮剥除的系统软硬件进行设计。主要分为硬件设计和软件设计，设计步骤如下：

① 机器人选型，主要部件选型，放置硬件设备以配置工作站布局；

② 创建 Smart 组件，并验证 Smart 组件运行状况是否良好；

③ 创建机器人系统，添加 I/O 信号，并针对工作站逻辑进行设计；

④ 选定机器人目标点，并调节相应参数，根据目标点生成机器人加工路径；

⑤ 将工作站同步到 RAPID，根据工作站逻辑对代码进行编写并校验代码的正确性；

⑥ 将 RAPID 代码同步到工作站中，保存当前状态后进行仿真，查看仿真是否按预期运行。

5.3.1 机器人选型设计

工业机器人的末端执行器在指定坐标系里的定位是通过前三个关节的配合来实现的，这一部分称作定位机构。这些关节的不同配置可分为四类：

① 直角坐标式 其中三个关节都是直线运动(PPP)。这类机器人的设计较为简单，运动方程容易计算，具备高精度的定位功能和较强的结构稳定性，但其工作空间有限，需要较大的安装空间。

② 圆柱坐标式 配备两个直线运动关节和一个旋转关节 (PRP)。这类机器人设计简约，相较于直角坐标式的机器人，其所需空间更小，工作范围更广，非常适合作为搬运用途。

③ 球坐标式 该机械臂是由两个旋转关节和一个直线关节(RRP)组成的。它以紧凑的结构和较小的占地优势，实现了广阔的工作范围；然而，这种设计复杂性导致臂部伸展时误差有可能放大。

④ 关节式 该机器人包含三个旋转关节(RRR)，这让它的灵活度与人类手臂相仿。它不仅占地面积极小，还能够提供最广泛的作业区间，使其能够适配绝大多数的生产场景，成为工业领域中广泛采用的机器人类型。

由于菜头筋皮剥除加工的整体工艺流程需要机器人具有较大的工作空间进行抓取、装箱与码垛，此过程要求设备有广阔的操作范围。同时，设备需展现出高度的适应性以配合加工作业，基于此，决定采用关节式机器人。考虑到处理的青菜头和装箱作业的重量、工作站的配置、机器人的应用场景以及仿真实验的方便程度，故选择了ABB的IRB2600型和IRB1200型工业机器人。该机器人具有以下优点：快速的加速和减速能力，可以在短时间内完成复杂的运动任务，提高生产效率；具有优异的定位精度和重复定位精度，可用于高精度装配、焊接和其他精密工艺；能够处理较大负载，使其适用于需要承载重物或执行大型操作的应用场景；该机器人臂的设计使其具有较大的工作范围和灵活性，可适应不同形状和尺寸的工件，并能够在狭小空间内操作。IRB2600型机器人的工作区域如图5-6所示。

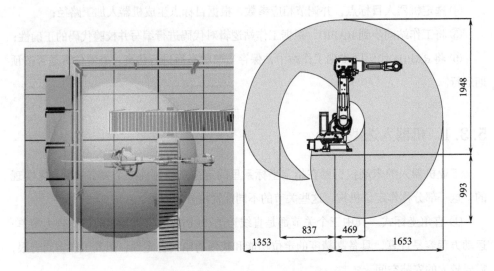

图5-6 IRB2600型机器人的工作区域

IRB1200型机器人机身小巧、有效工作范围大，有利于加快生产节拍、减少设备占用空间，能更好地作用于青菜头筋皮的剥除工作。IRB1200型机器人的工作区域如图5-7所示。

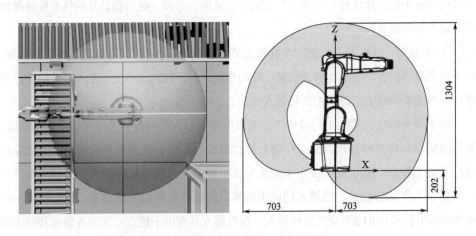

图5-7 IRB1200型机器人的工作区域

5.3.2　控制器选型设计

控制器采用IRC5型，属于第五代控制器，可以控制IRB2600型和IRB1200型机器人。如图5-8所示，该系统在路径运动控制方面表现卓越，搭载了用户友好的FlexPendant示教编程工具，支持多功能的RAPID编程语言，同时具备高效的通信处理能力。

图5-8　IRC5模型图

箱体设计基于青菜头模型尺寸进行。为了模拟装箱和码垛过程，采用正方形箱体部件的模型，在抓取机器人工作区实施装箱，进而应用于码垛作业。采用箱体模型的规格为320mm × 320mm × 100mm，其承重设为5kg，如图5-9所示。

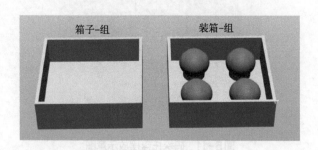

图5-9　箱子装箱前后图

5.3.3　传送带选型设计

传送带选择Conveyor Guide400型，该型号是RobotStudio软件库中预先设定的一种输送链，如图5-10所示。与其他输送链相比较，Conveyor Guide400的结构特征是具有较高的高度和输送圆筒，更适合中小型物品的输送，因此本设计选择该型号作为输送设备。

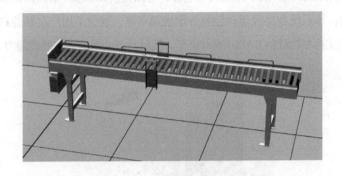

图5-10 Conveyor Guide400输送链模型图

　　根据码垛机器人的3D工作区域，设定码垛盘的高度为50mm。根据装箱模型的尺寸，按照每层堆叠四个部件的标准，确定码垛托盘的尺寸为800mm×640mm×50mm。启用机器人工作区的立体展示，并将码垛托盘合理地置于机器人一侧的工作范围内，如图5-11所示。

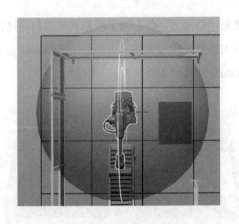

图5-11 码垛托盘摆放示意图

5.3.4 安全围栏选型设计

　　安全围栏是安全防范系统中的一种新定义的实体防范产品，是安全防范工程中的实体屏障，通常用于保护对象的周界防护，对保护对象进行封闭化管理，能够有效隔离、管控外部安全风险。

通过在RobotStudio中设置仿真安全围栏，可以更真实地模拟现场的布局操作环境。这有助于识别潜在的安全隐患和流程布局问题，提前进行调整优化，减少现场部署时的安全风险。RobotStudio软件为设计者提供了多款安全围栏进行选择，本项目设计的安全围栏布局如图5-12所示。

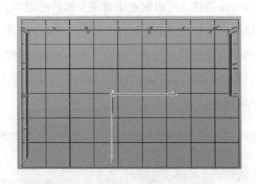

图5-12 安全围栏布局图

5.3.5 协作剥除青菜头筋皮系统控制系统设计

在基础硬件设备和逻辑架构构建完成后，创建机器人系统，如图5-13所示。在创建过程中，将所有机器人都纳入这个系统中，一旦系统构建完成，就可以在一个集成系统中编辑多台机器人的运动控制，并且利用MultiMove功能，实现机器人的协同运动。

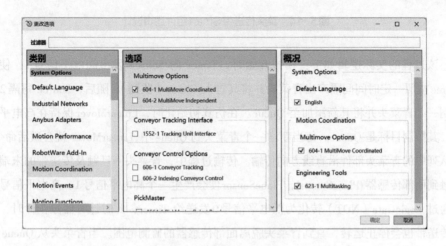

图5-13 机器人系统建立

5.3.6 Smart组件系统设计

(1) 青菜头传送带Smart组件设计

创建名为菜头传送带的组件，并在此基础上进行拓展。该部件具备以下功能：首先，通过嵌入PlaneSensor部件，该部件能被安置在传送带上，用于检测部件的移动情况。其次，通过添加Source组件，可以制造出青菜头部件的副本。接着，添加Timer时钟组件，以设定生成模型副本的时间差。此外，还引入Queue组件，生成的副本能够有序排队，以保证机械指令有序进行。再者，添加了LineMover组件，以实现物体在传送带上平稳移动。最后，通过添加LogicGate组件，以便定义输送带上信号的传递与控制。Smart组件逻辑如图5-14所示。

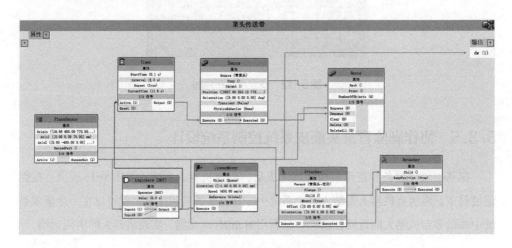

图5-14 菜头传送带Smart组件逻辑设计

该过程的实际逻辑如下：模拟开始时，Timer 向 Source 发出高电平信号1，使得 Source 按照一定时间间隔产出青菜头并将其置入 Queue（队列）。随后，Source 每隔2.0s 复制一个青菜头并将其新添加至 Queue。在仿真初始化时，LinearMover保持在高电平状态，其控制目标是 Queue。每当新增一个青菜头到 Queue 中，LinearMover 就会激活命令，让队列中的青菜头部件沿直线方向传输。传输过程中，青菜头一旦触及传送带的末端并接触到面部传感器(PlaneSensor)，PlaneSensor便会产生一个高电平信号1。高电平信号接着通过 LogicGate（NOT）转化为低电平信号0发送给 Timer，此时计时器停止计时，同时传送带也会停止运转，直到青菜头脱离面部传感器的监测范围。当青菜头从 Queue 中被移除，它就不再由 Smart 组件管理。在这种情况下，整个 Smart 组件会发出一个表示青菜头已就位（dw）的高电平信号1，整个流程结束。

（2）装箱传送带Smart组件设计

在菜头传送带的基础上，需添加装箱传送带Smart组件。首先，装箱传送带的设计添加了两个PlaneSensor组件，实现部件运动全程检测；其次，添加两个GetParent部件，用以获取对象的父对象；再次，添加LogicGate（AND）组件与LogicSLatch组件，用于实现输送链上的信号传递与转换；最后，添加Attacher与Detacher组件，用于部件的安装定位。Smart组件逻辑如图5-15所示。

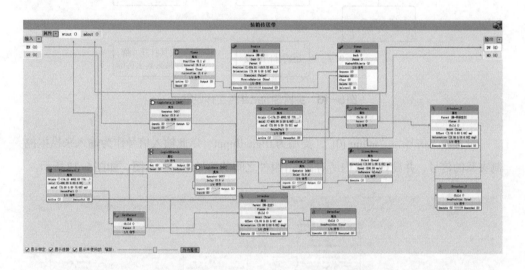

图5-15 装箱传送带Smart组件逻辑图

当传送带上的箱子组件激活面传感器时，产生的部件信号通过LogicGate组件传递至LogicSLatch组件并在其中锁存，抓取机器人进行抓取-装箱运动，完成后部件再次运动，信号传递至次级并复位上一级的LogicSLatch组件；当部件到达传送带末端时，相应的信号将被发送至码垛机器人以执行码垛作业。在装箱传送带Smart组件逻辑设计图中，分别设置DigitalInput型的输出信号"DW(0)""MD(0)"以及输入信号"EN(0)""GO(0)"，这些信号是分别发给部件到达检测点（包括第一个面传感器以及传送带末端的面传感器）和传送带满载、装箱完成的信号。

（3）夹具Smart组件设计

以码垛夹具为例，在工具的内侧中心稍下方，安装一个线传感器LineSensor以便在夹紧部件时提供反馈，其相关信号将从0切换至1。此外，针对夹紧和释放动作，分别配置两个运动定位器PoseMover（运动机械装置关节运动到一个已定义的姿态）组件，使其能够调整至预定义的姿态。同时，引入Attacher与Detacher组件，用以装配和分离目标部件。最后，通过设置逻辑门LogicGate组件为逆逻辑状态，实现信号数值变化与操作的有效对应，即当触发设定条件时，操作逻辑将被反转。夹具Smart组件工作逻辑图如图5-16所示。

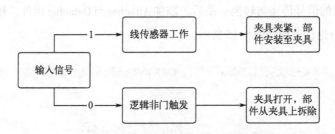

图5-16 夹具Smart组件工作逻辑图

设置输入信号为"mdjju (0)"，类型为DigitalInput，以此输入信号作为输入来模拟控制夹具的信号，并设计夹具内所有Smart组件之间的信号逻辑关系图，如图5-17所示。

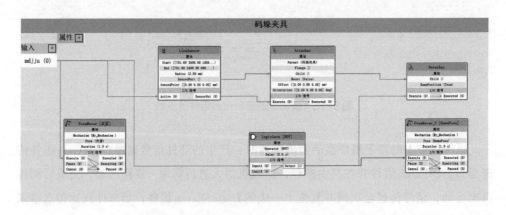

图5-17 最终夹具Smart组件工作逻辑图

多机器人协作剥除青菜头筋皮仿真系统一共用到三个夹具。在剥除夹具中，剥除过程不需要部件的安装和拆除，而在抓取夹具中，完成抓取工作后，还需要完成装箱，添加SetParent组件来设置图形部件的父对象，使青菜头部件的父对象为箱子组，在完成装箱后随箱子组一起运动。最后一个码垛夹具，完成装箱青菜头的码垛任务。夹具Smart组件各信号连接的属性及其相应功能如表5-2所示。

表5-2　夹具I/O信号连接

源对象	源信号	目标对象	目标信号或属性	含义
LineSensor	Sensor-Out	Attacher	Execute	线传感器检测到物块，执行动作
LogicGate(not)	OutPut	Detacher	Execute	逻辑非门与拆除动作关联
LogicGate(not)	OutPut	PoseMover_2（打开）	Execute	逻辑非门与夹具打开动作关联
码垛夹具	mdjju	LineSensor	Active	SC置1时，线传感器工作
LogicGate(not)	OutPut	Detacher	Execute	逻辑非门与拆除动作关联
码垛夹具	mdjju	PoseMover（夹紧）	Execute	SC置1时，夹具夹紧
码垛夹具	mdjju	LogicGate (not)	InputA	SC置1时，发送信号至逻辑非门进行运算
抓手夹具	zsint	SetParent	Parent	设置父对象，使青菜头部件随箱子组一起运动

5.3.7　控制程序设计

（1）工作站机器人工作路径规划

首先，工作站中的机器人需从机械起始点开始，在三个工作站点之间行进，需对抓取机器人进行路径规划。通过选取这三个工位的空间坐标和机器人到达这些位置所需穿越的具体点来创建目标点。然后，对这些目标点进行调整，使其坐标系和机器人工具坐标系互相对应。最后，调整机器人的参数，使其能够根据关节角度变化到达预定的目标点，三个工位的机器人状态如图5-18所示。

(a)工位1机器人状态

图5-18

(b)工位2机器人状态

(c)工位3机器人状态

图5-18 三个工位机器人状态

对创建抓取机器人操作路径的文件而言，首先需要将目标位置依照特定序列排列并加入该文件中，随后调整路径设置参数，从而构建出用于夹取动作的机器人运动轨迹（该轨迹不含协作部分），如图5-19所示。

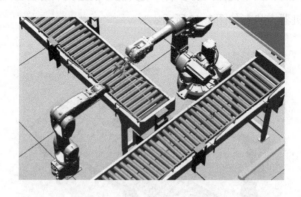

图5-19 抓取机器人工作路径

对于剥除机器人，其轨迹主要涉及协作路径。因此，需对两台机器人的协作轨迹进行规划，此步骤包括首先将青菜头部件安装至抓取机器人的固定装置中，并将之放置于加工站点（即工位2），在剥除机器人列表内创建新的工作路径，任务对象为剥除机器人。以工件坐标系作为参考，为剥除机器人创建并调整目标点，这些目标点会随着工件坐标的位移而进行相应的移动，意味着这些点与工件坐标系的相对定位是不会发生变化的。接着，以这些目标点为基础创建一个名为"Path_10"的路径，一旦路径设置无误，需要配合的将是新建的"Path_10"路径。点击演示，系统会自动产生协作路径并进行展示，完成演示后，就可以创建这条路径及其上的点位，按照需求添加路径点，并对路径的顺序以及参数做出调整，得到剥除机器人的协作加工路径，如图5-20所示。

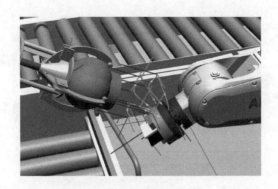

图5-20 青菜头剥除协作加工路径

码垛机器人的路径规划，选取箱子组在传送带末端处的内部中心位置（称为抓取点）生成一个目标点Target_10，并在码垛托盘的顶面设置一个目标点。接着调整这些目标点的姿态，将它们的参数全部设置为"Cfg1（0，0，0，0）"。通过监测机器人的关节姿势，完成这些目标点的创建，接着创建相应路径，将目标点移入路径中。码垛机器人的工作路径如图5-21所示。

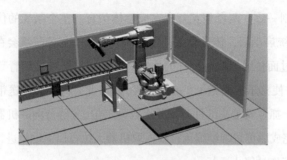

图5-21 码垛机器人加工路径

将之前添加的I/O信号使Smart组件与机器人系统相关联，并根据工作站逻辑按图5-22进行连接。

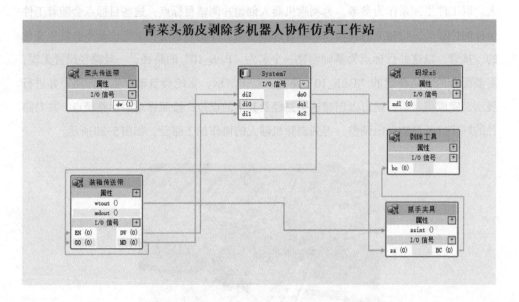

图5-22　工作站逻辑设定图

在完成上述步骤后，重新启动控制器，使信号生效。接着，将工作站与RAPID代码同步，也就是将工作站中的信号和运动用代码的方式关联起来。

（2）RAPID代码实现

以上有关工作站的各项操作步骤已经顺利完成，但仿真程序还未能够稳定运行。为实现有效仿真，需针对代码进行分析和优化，清除无关代码指令，需将诸如路径等相关指令整合到主函数中，以编程语言形式表达机器人的行为逻辑，使机器人的行为和工作站的运行机制一致，两者相互配合完成整体仿真。整个系统的仿真逻辑流程图如图5-23所示。系统启动后，传送设备开始工作，青菜头与箱子组会在传送设备上产生并开始移动，通过面传感器定位部件的位置。当面传感器检测到青菜头后，产生到位（dw）的指令，并使夹爪控制指令（zs）设置为1，此时青菜头传送带停止运行，抓取机器人开始工作，抓取青菜头部件开始并运行到工位2，等待剥除机器人剥除，剥除完成后装箱，装箱完成后传送带继续运行。抓取机器人执行以上动作进行循环，直到码垛16个部件时整个工作站停止运行。

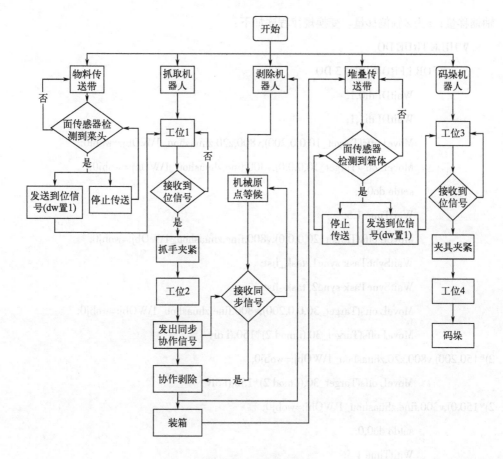

图5-23　程序流程图

当箱子到达码垛位置后，信号（mdl）置为1，传送带停止运转，等待机器人码垛。通过锁存器(LogicSRLatch)组件进行信号锁存，传送带上的部件停止生成和移动，直至位于传送带上的部件被码垛机器人抓取并码垛完成，随后传送带重新开始工作，码垛机器人进入下一轮循环，直到码垛任务完成。

将以上逻辑以 RAPID 代码的形式呈现在多机器人协作剥除青菜头筋皮仿真系统中，各个机器人的控制程序如下：

① 抓取机器人　本系统所设计的1箱可装4个青菜头，分布为2行2列，同时抓取机器人的抓手设置为每次只抓取1个青菜头。只需在标定位置基础上完成3次横纵坐标变换即可装满箱体。控制程序运用FOR循环中的i控制坐标偏移量搭配MoveJ offs（point，x，y，z）完成目标点位置变换。其中，point 为目标点；x为X轴偏移量；y为Y

轴偏移量；z 为 Z 轴偏移量。变换规律程序如下：

```
WHILE TRUE DO
    FOR i FROM 0 TO 3 DO
        WaitDI di0,1;
        WaitDI di1,1;
        MoveJ offs(Target_10,0,0,200),v800,z20,zhuashou_1\WObj:=wobj0;
        MoveL offs(Target_10,0,0,0),v300,fine,zhuashou_1\WObj:=wobj0;
        setdo do0,1;
        WaitTime 1.5;
        MoveL offs(Target_20,0,0,0),v800,fine,zhuashou_1\WObj:=wobj0;
        WaitSyncTask sync1, task_list;
        WaitSyncTask sync2, task_list;
        MoveL offs(Target_30,0,0,200),v800,fine,zhuashou_1\WObj:=wobj0;
        MoveJ offs(Target_30,(i mod 2)*150,(i div
2)*150,200),v800,z20,zhuashou_1\WObj:=wobj0;
        MoveL offs(Target_30,(i mod 2)*150,(i div
2)*150,0),v300,fine,zhuashou_1\WObj:=wobj0;
        setdo do0,0;
        WaitTime 1.5;
        MoveL offs(Target_30,(i mod 2)*150,(i div
2)*150,200),v800,fine,zhuashou_1\WObj:=wobj0;
    ENDFOR
    PulseDO\High,do1;
    WaitDI di1,0;
ENDWHILE
```

② 剥除机器人　本系统设计是多机器人协同工作，为使执行筋皮剥除的动作更真实可靠，需要用到 syncident 指令（同步点的识别号）；在执行程序任务 ROB1 中的指令 WaitSyncTask 时，该程序任务的执行将进入等待，直至其他程序任务 STN1 和 ROB2 已通过相同的同步（交会）点 sync1 而达到其相应的 WaitSyncTask。

剥除筋皮机器人剥除动作程序如下：

```
PROC main()
        WHILE TRUE DO
            Path_10;
        ENDWHILE
    ENDPROC
    PROC Path_10()
        WaitSyncTask sync1, task_list;
        MoveJ Target_10,v1000,fine,tool0\WObj:=wobj0;
        MoveJ Target_20,v1000,fine,tool0\WObj:=wobj0;
        MoveJ Target_30,v1000,fine,tool0\WObj:=wobj0;
        MoveJ Target_10,v1000,fine,tool0\WObj:=wobj0;
        MoveJ Target_40,v1000,fine,tool0\WObj:=wobj0;
        MoveJ Target_50,v1000,fine,tool0\WObj:=wobj0;
        MoveJ Target_60,v1000,fine,tool0\WObj:=wobj0;
        MoveJ Target_70,v1000,fine,tool0\WObj:=wobj0;
        MoveJ Target_80,v1000,fine,tool0\WObj:=wobj0;
        MoveJ Target_60,v1000,fine,tool0\WObj:=wobj0;
        MoveJ Target_90,v1000,fine,tool0\WObj:=wobj0;
        MoveJ Target_100,v1000,fine,tool0\WObj:=wobj0;
        MoveJ Target_60,v1000,fine,tool0\WObj:=wobj0;
        WaitSyncTask sync2, task_list;
    ENDPROC
ENDMODULE
```

③ 码垛机器人　在编写机器人堆垛程序之前，必须先明确堆垛模式。由于设计采用了夹爪形夹具，夹具本身具有一定的厚度并且需要保证其能够正常开启，因此，堆垛不能紧密排列，而需要保持适当的间距。码垛如图5-24所示。

码垛形式设计为4层16箱，分布为2行2列。与抓取过程的单坐标变换不同，码垛需要对4个坐标都进行偏移变换。通过整除和取余算法计算本次放置位置的层数、行数和列数后，运用MoveJ offs（point，x，y，z）对目标点进行坐标变换以达到码垛效果。坐标偏移算法如下所示。

图5-24　码垛图

$$\begin{cases}(i\bmod 2)\times(-400)=x\\ [(i\bmod 4)\ \text{div}2]\times 320=y\\ (i\bmod 4)\times 100=z\end{cases}$$

式中　i——码垛个数；

　　div——整除算法；

　　mod——取余算法；

　　x——目标点X轴偏移量；

　　y——目标点Y轴偏移量；

　　z——目标点Z轴偏移量。

码垛过程部分控制程序如下：

```
FOR i FROM 0 TO 15 DO
    MoveJ offs(Target_10,0,0,200),v800,fine,ToolFrame1\WObj:=wobj0;
    WaitDI di2,1;
    MoveL offs(Target_10,0,0,0),v300,fine,ToolFrame1\WObj:=wobj0;
    setdo do2,1;
    WaitTime 1.5;
    MoveL offs(Target_10,0,0,300),v800,z20,ToolFrame1\WObj:=wobj0;
    MoveL offs(Target_10,0,500,300),v800,z20,ToolFrame1\WObj:=wobj0;
    MoveL offs(Target_20,(i mod 2)*(-400),((i mod 4) div 2)*320,(i div
4)*100+250),v800,z20,ToolFrame1\WObj:=wobj0;
```

MoveJ offs(Target_20,(i mod 2)*(−400),((i mod 4) div 2)*320,(i div 4)*100),v300,fine,ToolFrame1\WObj:=wobj0;

setdo do2,0;

WaitTime 1.5;

MoveL offs(Target_20,(i mod 2)*(−400),((i mod 4) div 2)*320,(i div 4)*100+250),v800,z50,ToolFrame1\WObj:=wobj0;

ENDFOR

MoveAbsJ[[0,0,0,0,30,0],[9E9,9E9,9E9,9E9,9E9,9E9]],v1000,fine,tool0\WObj:=wobj0;

　　RAPID代码编辑完毕将其上传至工作站。图5-25给出了工作站中的三个机器人的行进路径和动作进程。由图5-25可知，所有的路径都没有显示错误信息，表明路径设计无误，所有机器人能顺利到达目标地点。

图5-25　机器人路径与步骤

5.3.8 仿真实验与分析

（1）多机器人协作工作站仿真

为了验证设计的多机器人协作剥除青菜头筋皮系统的合理性，需要进行仿真验证。针对搭建的工作站系统进行仿真，通过仿真检查工作站的运行是否合理，并针对有问题的地方进行调整优化。经仿真验证，本项目可实现由菜头传送带、装箱传送带末端生成对应部件，当各位置物料到位时，抓取机器人与剥除机器人协同工作，进行抓取-剥除-装箱工作，按照4个青菜头装1箱。装箱完成后，箱体传送带继续运行，各位置物料缺料后在各自传送带末端补充新品，并运输至指定位置，继续执行筋皮剥除操作和循环装箱。装箱完成的青菜头运输到码垛位置，由码垛机器人取走码垛，完成菜头抓取—筋皮剥除—装箱—码垛全流程。整体工作过程如图5-26所示。

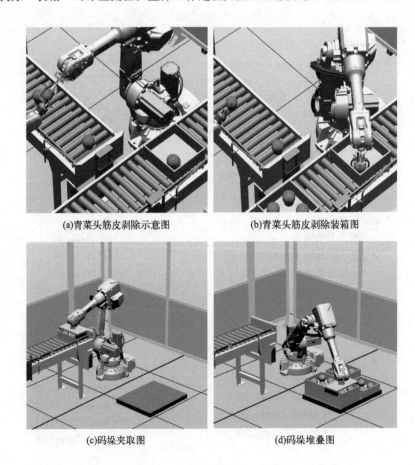

(a)青菜头筋皮剥除示意图　　　　　　　(b)青菜头筋皮剥除装箱图

(c)码垛夹取图　　　　　　　　　　　(d)码垛堆叠图

图5-26 青菜头筋皮剥除多机器人协作系统工作过程图

仿真结果显示，机器人均按规划轨迹运动，工作过程未发生碰撞，机械臂移动过程顺畅，工作站均按设计逻辑运行，各部分工作环节协调良好，符合设计预期效果。工作站仿真整体图如图5-27所示。

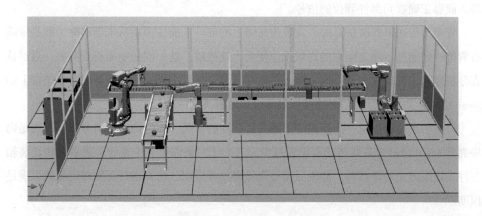

图5-27　工作站仿真整体图

（2）仿真调试与分析

通过仿真模拟运动过程，观察多机器人在按照规划轨迹协作完成任务过程中机器人有无发生碰撞，并检查模拟结果是否符合预期，从而对工作站进行优化调整。其仿真调试逻辑如图5-28所示。在启动仿真之前，需要妥善保留目前的状态，包含控制器的状态以及物体的状态，这一步骤至关重要。当仿真过程出现问题时，可以借助该备份恢复至最初状态，进行相关的修改调整。在仿真开始执行之后，针对仿真动画的效果进行观察以确认是否达到预期效果，同时利用I/O仿真器检测I/O信号的变化状况，以此验证Smart组件或机器人程序的逻辑是否正确无误。

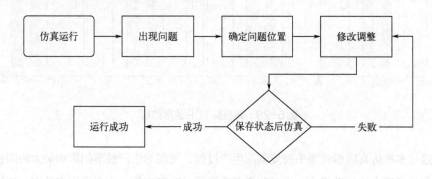

图5-28　仿真调试逻辑图

利用面传感器监测传送带的运行情况，当部件到达由面传感器控制的传送带位置时，面传感器会发出信号，此时传送带停止运转并不生成新部件。直到该部件被机器人加工完成后，且装箱完成，传送带再次运行。仿真过程中夹具能够正确夹紧与打开、机器人能够正确收到部件到位的信号。

青菜头传送带首次仿真时，发现传送带上的部件未能按预期从末端移除，而是继续沿着传送带前进，随之而来的码垛操作便会出现故障，这一问题亟需得到解决。通过认真分析原因，发现其主要是因为该部件没有从预定队列中被移除。重新配置传送带上的Smart组件，并建立新的信号连接，最终成功地解决这一问题。

码垛仿真过程中也曾出现部件不随夹具移动的情况，通过仿真逻辑分析，发现是码垛夹具Smart组件中直线传感器设置过少，五个子对象需要五个直线传感器才能让装箱部件实现跟随父对象移动。修改后调整码垛程序并应用，仿真运行后发现码垛效果满足预期。

通过信号分析器对机器人TCP速度进行分析（其中，横轴为时间/s，纵轴为工具坐标TCP速度/（mm/s）；黄色曲线为剥除机器人工具坐标TCP速度，黑色曲线为抓取机器人工具坐标TCP速度），发现其调整前TCP速度曲线如图5-29所示，系统等待时间为9.43s，完成一个青菜头筋皮剥除任务耗时11.01s，完成一次装箱任务耗时43.38s。

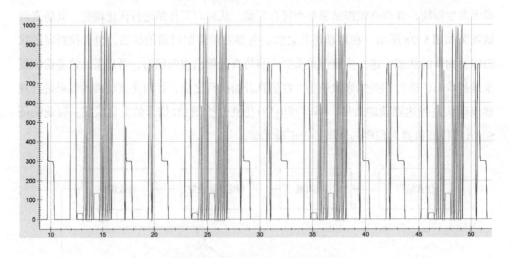

图5-29 调整前TCP速度曲线

通过多次仿真模拟青菜头筋皮剥除生产过程，发现对生产线节拍影响最大的因素为各工作站机器人的运动指令，通过改变指令参数可改变节拍。为提高生产效率，通过大量仿真进行分析，最大程度地优化各组件运动指令。

从图5-30可看出，在转弯区域，机器人的TCP轨迹展现出更高的平滑性，其运动过程更为流畅。在实际操作中，机器人避免了暂停及急加速的情形，这一特性对于机器人电机和减速器的保护起到了积极作用。

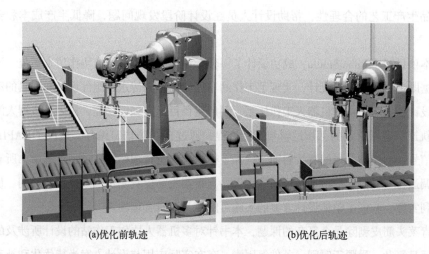

(a)优化前轨迹　　　　　　　　　　　　　(b)优化后轨迹

图5-30　TCP运行轨迹

调整后TCP速度曲线如图5-31所示，系统等待时间为6.48s，完成一个青菜头筋皮剥除任务耗时8.89s，完成一次装箱任务耗时35.56s。仿真研究证实，所采取的优化策略具备实际应用价值，通过优化改进后的装配流程更加合乎逻辑。

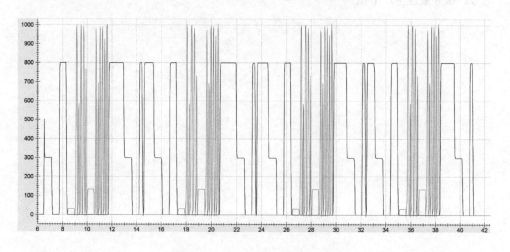

图5-31　调整后TCP速度曲线

5.4　本章小结

通过仿真手段规划、验证产品生产的工艺路线，是相关设计中的重要研究内容。在虚拟环境下进行仿真产品生产流程，通过分析机器人的作业轨迹、生产节拍，可以验证产品生产工艺的合理性，帮助设计人员在设计阶段发现问题，降低生产成本和安全风险。

本项目利用RobotStudio，成功设计了一套青菜头剥除多机器人协作仿真系统。该系统根据既定方案进行了设计，实现了工作站布局的优化与传送带组件设计和夹具的动态控制设计；同时，搭建机器人工作体系，利用路径目标点创设功能，规划了机器人间的合作轨迹；遵循既定的工作逻辑与工艺流程，通过RAPID语言编程，达成了RAPID环境下信号、动作与路径的有效协同，确保了模拟操作逻辑顺畅。在模拟过程中，所有设备协调运作，机器人的行动路径精确无误，且青菜头筋皮剥除仿真效果符合预期。仿真的顺利实施，验证了整体设计方案的实施可能性与逻辑合理性。

青菜头筋皮剥除是个复杂的课题，本书针对多机器人协作工作站的设计所涉及的领域广泛且复杂，受限于时间、条件等因素，存在实际应用与设计方案尚待优化和补充的部分，在此做出以下展望：

系统的可靠性有待进一步研究，本书只设计了一种青菜头的理想状态，希望后面能针对不同类型的青菜头制定相关加工流程；

对多机器人协作筋皮剥除的机械运动轨迹进行路径最优规划分析，调节各指令传递信号，探寻最佳生产节拍。

参考文献

［1］ 师五喜，王栋伟，李宝全. 多机器人领航-跟随型编队控制[J]. 天津工业大学学报，2018，37（2）：7.

［2］ 苏治宝，陆际联. 基于行为法队形保持中的队形反馈[J]. 机床与液压，2003（3）：3.

［3］ 王兴龙，许哲，王雪梅，等. 带落角约束的导弹制导控制一体化设计综述[J]. 电光与控制，2020，27（2）：6.

［4］ 刘佰龙. 基于Amigobot平台的多机器人编队控制方法研究[D]. 哈尔滨：哈尔滨工程大学，2006.

［5］ CAO Yan, WEI Wanyu, BAI Yu, et al. Multi-base multi-UAV cooperative reconnaissance path planning with genetic algorithm[J]. Cluster computing, 2019, 22（S3）: 5175-5184.

［6］ BEG A, QURESHI A R, SHELTAMI T, et al. UAV-enabled intelligent traffic policing and emergency response handling system for the smart city[J]. Personal and ubiquitous computing, 2021, 25（1）: 33-50.

［7］ 彭滔，刘成军. 含未知信息的轮式移动机器人编队确定学习控制[J]. 控制理论与应用，2018，35（2）：9.

［8］ LaValle S M. Planning Algorithms[M]. Cambridge University Press, 2006.

［9］ Stankiewicz P G, Kraetzl M. Challenges of multi-robot path planning. Robotics and Autonomous Systems, 2015, 74（4）: 609-622.

［10］ Luna J M, Bekris K E. Efficient multi-robot path planning for large-scale problems[J]. The International Journal of Robotics Research, 2011, 30（7）: 820-833.

［11］ Mataric M J. Issues and approaches in the design of collective autonomous agents[J]. Robotics and Autonomous Systems, 1995, 16（2-4）: 321-331.

［12］ Van den Berg J, Guy S J, Lin M, et al. Reciprocal collision avoidance with acceleration-velocity obstacles[J]. In Robotics: Science and Systems, 2011, 7（1）: 3.

［13］ Fiorini P, Shiller Z. Motion planning in dynamic environments using velocity obstacles[J]. The International Journal of Robotics Research, 1998, 17（7）: 760-772.

［14］ Zhou B, Wang D. Real-time multi-robot collision avoidance with priority inheritance[J]. Autonomous Robots, 2017, 41（1）: 217-232.

［15］ Hsieh M A, Katibi R, Laumond J P. Navigation in cluttered environments: Real-time path planning and obstacle avoidance for manipulators and mobile robots[J]. The International Journal of Robotics Research, 1999, 18（6）: 536-556.

［16］ Arkin R C. Behavior-based robotics[M]. MIT Press, 1998.

［17］ Chen G, Kotézé L, Hu Y H, et al. A survey on robotic assistants in the smart home[J]. Frontiers of Information Technology & Electronic Engineering, 2017, 18（1）: 3-20.

［18］ Pantic M, Van Laerhoven K, Kort H S. A survey of affective computing: From unimodal analysis to multimodal fusion[J]. Image and Vision Computing, 2010, 28（5）: 839-855.

[19] Hollnagel E, Parasuraman R. Automation in manufacturing: Risks, ethics, and society[J]. Journal of Cognitive Engineering and Decision Making, 2008, 2（2）: 128-150.

[20] Koren Y, Heisel U. Reconfigurable manufacturing systems[J]. CIRP Annals, 1999, 48（2）: 527-540.

[21] Wang G, Gao R, Zhao H, et al. Recent development of surgical robots[J]. Surgical Endoscopy, 2018, 32（4）: 1525-1546.

[22] Varghese T, Rajan K S. Machine learning in medical diagnosis: A review of challenges and opportunities[J]. Expert Systems with Applications, 2018, 114（1）: 51-65.

[23] Liang Y, Zhang J. A review of swarm robotics in military applications. Defence Technology, 2018, 14（3）: 217-226.

[24] Murphy R R. Disaster robotics. IEEE Robotics & Automation Magazine, 2000, 7（1）: 27-35.

[25] 李明, 张华. 智能机器人辅助教学: 个性化学习的新篇章[J]. 教育技术前沿, 2023（4）: 34-42.

[26] 周丽, 郑伟. 增强现实技术在家庭娱乐中的创新应用[J]. 智能家居与娱乐技术, 2023, 3: 23-31.

[27] 蒋越, 何华, 冯龙. 我国主要区域协作机器人产业政策分析[J]. 科技智囊, 2023（07）: 53-60.

[28] 王军领, 陈森, 詹俊勇, 等. 大件自动化搬运系统设计[J]. 锻压装备与制造技术, 2023, 58（04）: 34-36.

[29] 成金刚. 基于多机器人系统的协作运输控制方法研究[D]. 兰州: 兰州交通大学, 2023, DOI: 10.

[30] 陶平, 邹成文, 王天瑞. 多机器人协作的灵活性分析与仿真[J]. 制造技术与机床, 2022（07）: 23-27.

[31] 刘山, 梁文君. 多机器人协作搬运路径规划研究[J]. 计算机工程与应用, 2010, 46（32）: 197-201.

[32] 米文龙. 多机器人协调避碰与任务协作研究[D]. 哈尔滨: 哈尔滨工程大学, 2010.

[33] 丁旭东. 智能制造中的自主协作机器人技术应用[J]. 锻压装备与制造技术, 2023, 58（06）: 67-70.

[34] 王文林. 双机器人系统协调搬运同步控制关键技术及实验研究[D]. 青岛: 山东科技大学, 2021.

[35] 王萍, 蒋珂. 工业机器人自动化生产技术的实践研究[J]. 南方农机, 2022, 53（20）: 168-170.

[36] 潘建龙. 多机器人协作系统运动规划及位置力协调控制研究[D]. 南京: 东南大学, 2019.

[37] 李策. 基于机器视觉的多机器人协作分拣技术研究[D]. 天津: 天津大学, 2022.

[38] 刘帅. 基于KUKA工业机器人的自动搬运系统[D]. 上海: 东华大学, 2020.

[39] Keeping S. 协作机器人: 兼顾生产效率与安全性的设计[J]. 中国集成电路, 2019, 28（05）: 30-33.

[40] 丁雅哲. 多AGV（搬运机器人）路径规划及协调控制应用研究[D]. 石家庄: 河北科技大学, 2019.

[41] 童光耀, 范飞. 基于RobotStudio的智能制造产线虚实结合仿真平台实现[J]. 科技与创新, 2024（07）: 49-52.

[42] 徐桂鹏. 工业机器人协作焊接工作站耦合运动学建模与仿真分析[D]. 西安: 西安科技大学, 2022.

[43] 李国静, 林连宗. 基于RobotStudio的搬运码垛机器人仿真工作站设计与研究[J]. 软件, 2023, 44（09）: 25-27.

[44] 唐振宇，戴祝坚，唐伦，等．基于RobotStudio水槽打磨机器人工作站仿真设计[J]．机床与液压，2023, 51（21）: 78-83.

[45] 樊琛，朱致远，颜远远．基于RobotStudio的分类码垛工作站仿真研究[J]．制造业自动化，2023, 45（07）: 61-66.

[46] 陆叶，王开，黄河明．基于RobotStudio的视觉分拣打磨工作站仿真设计[J]．机电工程技术，2024, 53（02）: 193-197.

[47] Joshi K, Melkote S N, Anderson M, et al. Investigation of cycle time behavior in the robotic grinding process[J]. CIRP Journal of Manufacturing Science and Technology, 2021, 35 [October（5）]: 315-322.

[48] Zhu D, Feng X, Xu X, et al. Robotic grinding of complex components: A step towards efficient and intelligent machining – challenges, solutions, and applications[J]. Robotics and Computer Integrated Manufacturing, 2020, 65: 101908.

[49] 孙洪颖，李纬华，王晓军．6-DOF抛光打磨机器人的旋量运动分析[J]．机械设计与制造．2017（07）: 256-258.

[50] WANJIN GUO, YAGUANG ZHU. A Robotic Grinding Motion Planning Methodology for a Novel Automatic Seam Bead Grinding Robot Manipulator[J]. Journal of Robotics & Machine Learning, 2020.

[51] 梁海岗．基于3D点云的铸件打磨机器人系统技术研发[D]．济南：齐鲁工业大学，2023.

[52] 苏士超．基于RobotStudio的搬运码垛工作站仿真设计[J]．电脑知识与技术，2020, 16（32）: 235-236.

[53] 张华文，张晓栋，周航．基于RobotStudio的多功能工作站仿真设计[J]．国外电子测量技术，2020, 39（12）: 65-69.

[54] 程丙南，郭俊，梅志松，等．基于RobotStudio的机器人分类码垛工作站设计[J]．淮阴工学院学报，2020, 29（05）: 27-31.

[55] 李福武，黎昌南．工业机器人码垛工作站的设计与仿真[J]．工业技术创新，2021, 08（06）: 19-24+40.

[56] 祝世兴，高哲晟．基于RobotStudio的机器人在线打磨工作站设计研究[J]．制造技术与机床，2021（08）: 97-102+107.

[57] 熊隽，陈运军，李刚．基于RobotStudio的仿真平台设计[J]．机电工程技术，2020, 49（08）: 129-130+173.

[58] 王纯祥，程茜，陈杨．基于Robotstudio的弧焊机器人离线编程[J]．重庆科技学院学报（自然科学版），2014, 16（05）: 153-156.

[59] 肖全，鞠全勇．基于RobotStudio的机器人搬运工作站设计与路径仿真[J]．机电技术，2020（04）: 33-36+58.

[60] 韩家哺．双工业机器人协作打磨系统控制策略研究[D]．上海：上海工程技术大学，2021.

[61] 张文博. 面向工业生产线的多机器人协作系统的研究[D]. 杭州: 浙江大学, 2019.

[62] 高乐. 面向大型铸件的机器人打磨抛光技术研究[D]. 太原: 中北大学, 2023.

[63] 张洪生, 邓泽. 废旧锂离子电池搬运机器人末端执行器设计[J]. 机械传动, 2024, 48（03）: 93-101.

[64] 詹创涛, 梁泉, 黄新宇, 等. RobotStudio的方形锂电池搬运装盒仿真研究[J]. 科学技术创新, 2024,（05）: 78-81.

[65] 沈灿钢. 基于ABB工业机器人的物料搬运控制系统[J]. 信息系统工程, 2024,（01）: 12-15.

[66] 郭建飞. 基于RobotStudio的工业机器人与活塞浇注机集成应用设计[D]. 济南: 山东大学, 2019.

[67] 胡松, 刘建雨, 柯美元. 5G智能机器人喷涂生产线关键技术的探讨及应用[J]. 机电工程技术, 2022, 51（12）: 169-174.

[68] 宁显章. 基于PLC控制的工业机器人喷涂技术的集成与应用分析[J]. 模具制造, 2023, 23（10）.

[69] 徐龙. 面向喷涂作业的多机器人在线智能编程系统研究[D]. 南京: 东南大学, 2017.

[70] 刘召, 李叶, 张炜, 等. 大型复杂工件表面多机器人自动喷涂系统: CN20191016087[P]. CN109821687A[2023-12-29].

[71] 范波. 机器人喷涂技术在汽车涂装中的应用研究[J]. 汽车测试报告, 2023（03）: 80-82.

[72] 李晓华. 机器人产业: 技术、市场及竞争格局新趋势[J]. 人民论坛, 2023（16）: 24-28.

[73] 樊琛, 朱致远, 颜远远. 基于RobotStudio的分类码垛工作站仿真研究[J]. 制造业自动化, 2023, 45（07）: 61-66.

[74] 戴斐, 高敏, 张君继. 工业机器人喷涂工作站的设计与仿真[J]. 科学技术创新, 2022（9）: 49-52.

[75] 高志远, 晏芙蓉, 李家学, 等. 基于RobotStudio的搬运机器人虚拟仿真分析[J]. 机电工程技术, 2023, 52（10）: 230-233.

[76] 田小龙, 王国章. 基于ABB搬运工业机器人离线编程与仿真研究[J]. 科技风, 2022.

[77] 郝继升. 多机器人协作的汽车自动焊接系统设计[J]. 内燃机与配件, 2023（19）: 89-91.

[78] 阮强胜, 张东东. 论防碰撞技术在ABB喷涂机器人站的应用[J]. 中国设备工程, 2020（S2）: 25-27+38.

[79] 郝建豹, 许焕彬, 林炯南. 基于RobotStudio的多机器人柔性制造生产线虚拟仿真设计[J]. 机床与液压, 2018, 46（11）: 54-57+81.

[80] 孙立新, 高菲菲, 王传龙, 等. 基于RobotStudio的机器人分拣工作站仿真设计[J]. 机床与液压, 2019, 47（21）: 29-33.

[81] 管菊花, 邓艳菲. 基于RobotStudio焊接工业机器人虚拟工作站[J]. 南方农机, 2017, 48（13）: 122-124.

[82] 陈永平, 徐丽红. 工业机器人应用虚拟仿真实验开发探索与实践[J]. 微型电脑应用, 2021, 37（07）: 44-47.

[83] 朱文华, 史秋雨, 蔡宝, 等. 基于RobotStudio的工业机器人工艺仿真平台设计[J]. 制造业自动化,

2020, 42（12）：28-31+89.

［84］ 解迎刚，兰江雨. 协作机器人及其运动规划方法研究综述[J]. 计算机工程与应用，2021，57（13）：18-33.

［85］ Portugal D, Alvito P, Christodoulou E, et al. A Study on the Deployment of a Service Robot in an Elderly Care Center. Int J of Soc Robotics 11, 317－341（2019）.

［86］ 马平. 重庆榨菜全产业链高质量发展对乡村产业振兴的启示[J]. 中国农业综合开发，2023（04）：53-55.

［87］ 董涛涛，侯红娟，崔国华，等. 双机协作工业机器人运动学求解与仿真分析[J]. 中国科技论文，2021，16（02）：236-240.

［88］ 周慧敏. GA/T 1797—2021《钢丝焊接网安全围栏》标准解析及安全围栏技术应用[J]. 中国安全防范技术与应用，2023（03）：12-14.